目录 CONTENTS

第一部分 世界末日预言一览

> 根据玛雅文明的记载,2012年12月21日是世界末日,这一天当黑暗降临后,黎明便永远不会到来……

世界末日预言

1. 玛雅古文明预言与水晶头骨 ········· 1
2. 《易经》与世界末日 ········· 9
3. 《推背图》预言世界末日 ········· 13
4. 《圣经》与世界末日 ········· 16
5. 地球与太阳磁极将于2012年发生颠倒 ········· 19
6. 天王星异常接近引发海啸地震 ········· 24
7. 厄尔尼诺 ········· 26
8. 霍金的末日预言 ········· 30
9. 其他末日预言 ········· 37

第二部分 全球过去、现在、未来的大灾难

> 在未来200年人类将面临多种灾难,人类能够幸免的机会可能只有50%,尽管这些大灾难未必完全真实可信,然而,其中有些预言却具预见性。

世界性大灾难

1. 超级病菌杀手侵袭 …………………………… 42
2. 地震 …………………………………………… 51
3. 火山喷发 ……………………………………… 58
4. 小行星撞击地球 ……………………………… 64
5. 太阳风暴袭击地球 …………………………… 69
6. 全球变暖引发物种大灭绝 …………………… 75
7. 外星人来袭？宇宙中的神秘力量 …………… 82
8. 粒子实验 ……………………………………… 90
9. 核战争 ………………………………………… 96
10. 纳米机器人及其他灾难 …………………… 102

第三部分 全球环境状况与分析

人类目前对地球资源的掠夺性使用，已经以20%的比例超过了地球的承受能力，而且这个数字每年还在不断地增加。

世界生态环境

1. 大气污染的警报 ……………………………… 110
2. 水资源危机 …………………………………… 117
3. 土地荒漠化的威胁 …………………………… 123
4. 海洋资源的人为破坏 ………………………… 130
5. 生物多样性锐减 ……………………………… 136
6. 能源危机的警告 ……………………………… 143
7. 化学污染与核污染 …………………………… 149
8. 温室效应的解读 ……………………………… 155
9. 臭氧层破坏的危害 …………………………… 164
10. 森林面积减少——地球之肺溃疡 ………… 171

逃离地球

——当科学遭遇末日预言

揭示人类正在遭受的灾难和将要面临的灾难

玛雅神奇的预言、"圣经密码"的警示、霍金预言等众多末日预言离我们还有多远？

韩 海 ◎ 编著

台海出版社

图书在版编目(CIP)数据

逃离地球——当科学遭遇末日预言 / 韩海编著. -北京：台海出版社,2011.3

ISBN 978-7-80141-753-4

Ⅰ.①逃... Ⅱ.①韩... Ⅲ.①未来学–通俗读物

Ⅳ.①G303-49

中国版本图书馆 CIP 数据核字(2011)第 025438 号

逃离地球——当科学遭遇末日预言

编　著：韩　海

责任编辑：禾　月

装帧设计：天下书装　　　　版式设计：通联图文

责任校对：韩　海　　　　　　责任印制：蔡　旭

出版发行：台海出版社

地　址：北京市景山东街 20 号，邮政编码：100009

电　话：010-64041652(发行,邮购)

传　真：010-84045799(总编室)

网　址：www.taimeng.org.cn/thcbs/defauit.htm

E-mail：th-cbs@163.com

经　销：全国各地新华书店

印　刷：北京高岭印刷有限公司

本书如有破损、缺页、装订错误,请与本社联系调换

开　本：710×1000　1/16

字　数：170 千字　　　　　印　张：15

版　次：2011 年 3 月第 1 次　印　次：2011 年 3 月第 1 次印刷

书　号：ISBN 978-7-80141-753-4

定　价：29.80 元

版权所有　翻印必究

第四部分 逃离地球方案与人类技术

> 著名物理学家斯蒂芬·霍金日前在接受英国皇家学会颁发的科普利奖章时表示，人类必须移民其他星球以摆脱灭亡命运。霍金认为，只要人类被困在一个独一无二的行星上，人类的长期生存就处在危险中。

"诺亚方舟"与逃离地球

1. 各国"末日方舟"计划 …………………………… 178
2. 其他地球大灾难，各国避难措施 ………………… 182
3. 太空移民 …………………………………………… 187
4. 移民外星 …………………………………………… 191
5. 物理、化学等技术 ………………………………… 195
6. 生物技术 …………………………………………… 203
7. 其他技术 …………………………………………… 206

第五部分 警惕，挽救，回归

> 我们的地球，正超负荷运转。我们的家园，正走向衰亡。人类的警钟是自己把她敲响。挽救自然，挽救生态，挽救环境，挽救地球已刻不容缓。否则，人类的末日将是自己酿造的一杯毒酒。

1. 末日预言世界认知 ………………………………… 208
2. 全球环境世界认知 ………………………………… 211
3. 简述世界环保组织 ………………………………… 218
4. 地球危机：觉悟与行动 …………………………… 223

结束语 …………………………………………………… 234

> 根据玛雅文明的记载,2012年12月21日是世界末日,这一天当黑暗降临后,黎明便永远不会到来……

第一部分 世界末日预言一览

世界末日预言

1.玛雅古文明预言与水晶头骨

玛雅预言

依照玛雅历法,地球由始到终分为五个太阳纪,分别代表五次浩劫,其中四次浩劫已经过去,现在我们所生存的地球,已经是在"第五太阳纪"。

也就是说,到目前为止,地球已经过了四个"太阳纪",在每一纪结束时,都代表着一次地球大洗牌的过程。

第一个太阳纪是洪水浩劫,世界遭到大洪水的浩劫,有人认为是《圣经》所说的诺亚方舟。第一个太阳纪是马特拉克堤利(Matlactil art)文明(根达亚文明),也叫超能力文明,相传那个太阳纪,人们身高1米左右,男人有第三只眼,翡翠色,功能各有不同。有的可以预测未来,有的具有杀伤力……而女人没有第三只眼,所以,女人害怕男人。但是,女人的子宫有神的能力,女人怀孕前会与天上要投生的神联系,谈妥当了,女人才会要孩子。

根达亚文明毁于大陆沉没,但是,很少有资料提到过根达亚文明,所以没有什么现代的理论依据。

第二个太阳纪是风蛇浩劫,世上的建筑物被风蛇吹毁。第二个太阳纪是伊厄科特尔(Ehecatl)文明(米索布达亚文明),米索布达亚文明是上个文明(根达亚文明)的逃亡者的延续。但是,人们把以前的事忘却了,超能力也渐渐消失了。在根达亚文明里面,男人有第三只眼睛,可是,到了米索不达亚文明,男人的第三只眼开始消失。他们对饮食特别爱好,发展出各色各样的专家,所以又被称为饮食文明。

米索不达亚文明发生在南极大陆,其实是毁于地球磁极转换。但以上只有少数资料有提到过,也没有什么现代的理论依据。

第三个太阳纪是火雨浩劫,大地遭受天降火雨之祸。第三个太阳纪是奎雅维洛(Tleyquiyahuillo)文明(穆里亚文明),玛雅人所推测的地球上的第三次文明,也称生物能文明,是上个文明(美索布达米亚文明)的逃亡者的延续。米索不达亚文明的先祖开始

玛雅金字塔

第一部分 世界末日预言一览

注意到植物在发芽时产生的能量,这个能量非常巨大,经过一个世纪的改良发明了利用植物能的机器,这个机器可以放大能量。

但以上只有少数资料有提到过,同样,没有什么现代的理论依据。

第四个太阳纪是地震浩劫,地球遭受到强烈地震的灾祸。第四个太阳纪是宗德里里克(Tzontlilic)文明(亚特兰蒂斯文明),也叫光的文明,是继承上个文明——这里用继承,不用延续。因为,亚特兰蒂斯,传说是来自猎户座的殖民者。他们拥有光的能力,在火雨的肆虐下引发大地覆灭。早在穆里亚文明时期亚特兰蒂斯就建立了。后来传说,这两个文明还打核战争。

前几个太阳纪,都因为证据不足而无法得到证实与合理的解释。但据玛雅人的"卓尔金历"所言:我们的地球现在已经在所谓的"第五个太阳纪"了,这是最后一个"太阳纪"。

就是说,第五个太阳纪是世界末日,当第五个太阳纪来临,太阳会消失,大地剧烈摇晃,灾难四起,地球会彻底毁灭,这一天,按照马雅历法是3113年,换算为西历便是2012年12月21日。从历法上面来说异常准确。

虽然世界上很多民族都有末日预言,但玛雅人所说的末日预言,更加受到人们的重视,原因就是玛雅历法的计算非常准确。我们从玛雅人的历法得知,他们早已知道地球公转时间,玛雅人精确计算出太阳年的长度为365.2420日,就是365日又6小时又24分20秒,现代人测算为365.2422日,误差仅为0.0002日,就是说5000年的误差才仅仅一天,误差非常之少。另外,对于其他星体的运行时间,在计算上亦非常准确,对于数学上"0"的单位数字,早在三千年前,玛雅人就已经使用,科学家不由得不对玛雅的文化,感到惊讶,尤其是部分预言,而有些人确信玛雅人所说的末日时间,必定会在本世纪来临。

玛雅的卓尔金历是一套令人感到惊讶不解的历法。太阳历是地球绕太阳一周的时间,太阴历是金星绕太阳一周的时间,但在太阳系中却没有发现适用卓尔金历的行星。三种历日表达方法,像三个紧密咬合的齿轮,构成了错综复杂的机制。

刻有历法的玛雅石碑

依据历法,地球的岁差为25800年,约为 $5125 \times 5 \approx 25800$ 年,在日、月的引力作用下,地球自转轴的空间指向并不固定,呈现为绕一条通过地心并与黄道面垂直的轴线缓慢而连续地运动,大约25800年顺时针向(从北半球看)旋转一周,描绘出一个圆锥面。地轴在25800年的岁差周期中由"/"至"\"再到"/"旋转转换一次,也就是南、北半球的气候转换一次要12900年。

我们现在的太阳系正经历着第五个历时5100多年的"大周期"。时间是从公元前3113年起到公元2012年止。

在这个"大周期"中,运动着的地球以及太阳系正在通过一束来自银河系核心的银河射线。这束射线的横截面直径为5125地球年。换言之,地球通过这束射线需要5125年之久——"2012年12月21日将是本次人类文明结束的日子。此后,人类将进入与本次文明毫无关系的一个全新的文明。"玛雅人把这个"大周期"划分为十三个阶段,每个阶段的演化都有着十分详细的记载。在十三个阶段中,每一个阶段又划分为二十个演化时期。每个时期历时约二十年。这样的历法循环与中国的"天干"、"地支"十分相似,历法是循环不已的,而不是像西元纪年一直线似的没有终点。他们认为自创世以来,地球已经过四个太阳纪。

当太阳系诸星体经历完了这束银河射线作用下的"大周期"之后,将会发生根本的变化,玛雅人称这个变化为"同化银河系"。

从玛雅预言中的"大周期"的时间上看,到今天已经接近尾声了。从1992年到2012年这二十年的时期中,我们的地球已进入了"大周期"最后

第一部分 世界末日预言一览

阶段的最后一个时期。玛雅人认为这是"同化银河系"之前的一个十分重要的时期。他们称之为"地球更新期"。在这个时期中，地球要完全达到净化。而在"地球更新期"过后，地球将走出银河射线，进入"同化银河系"的新阶段。

玛雅文明的预言中说到公元2012年地球会发生完全的变化，进入新的时代，不是说世界要毁灭了，他们有我们不能理解的"科学"作为根据提出预言（我们不要认为是世界末日，因为玛雅人也没有预言2012年是世界末日）。

玛雅古迹

这也正好与许多新时代人的信念不谋而合。他们认为："地球人正在由双鱼座移至宝瓶座。新时代确切的开始时间是从1981年1月1日至2012年5月5日。显然，2012年是一个新的时代开始的标志，它的重要性要远大于刚刚过去的世纪末。宝瓶座的特征就是：人类的灵性或宇宙意识达到了一个更高的高度；地球也将从现在的第四维度进入第五维度。"

玛雅人的预测归纳：

1.人类和地球目前正在意识和感知上经历巨变或转换。

2.中美洲的玛雅文明过去曾是，目前还是时间科学领域知识中最先进的。他们的主历法是本星球最精确的。它从未出错。他们总共有22本历法，涵盖了宇宙与太阳系的众多周期。其中一些还有待揭示。

3.玛雅第五世于1987年结束，第六世自2012年开启。所以，目前我们正处于"两世之间"。该时期被称作"天启时期"或启示期。这意味着真相将被揭示。这也是我们通过"我们的人"进行个体和集体工作的时候。

4.玛雅第六世实际还是空白。这意味着现在由我们，以及众多同创者,一起来创造我们所想要的新世界和新文明。

5.玛雅人还说,到2012年,我们将超越目前已知的技术;我们将超越时间和金钱;我们将经过第四维度进入第五维度的世界;地球和太阳系将与宇宙中其他部分一起,进入银河同步;我们的DNA将由银河中心升级(或重编),"此星球上每个人都在变异。尽管某些人比其他人更意识到此点,但每个人都在如此"。

6.2012年,我们太阳系之平面将和我们的银河系一起升高。该周期花费了26000年来完成。Virgil Armstrong也说到,其它2个星系将于同时和我们升高。这是一起宇宙事件。

7.时间正在加速(或说塌缩)。千万年以来,地球的Schumann共振(Schumann Resonance)或脉冲(心跳)为每秒7.83周,军事上一直将其作为极其可靠的参考来使用。但自1980年以来,该共振逐渐提高,目前已经超过每秒12周,此意味着每天将等同于不到16个小时,而不再是过去的24小时,这就是为什么时间看起来如此之快了。不是时间,而是"创造者"自己变快了。

8.在启示时期,或"两世之间",很多人将体验到个人变化。变化很多且花样繁多。这都是人们学习和体验的一部分。比如:要结束的关系,居住地的变化,工作变迁,态度或思考的转变等。

水晶头骨

据说美洲印第安人中流传着一个古老的传说:古时候有13个水晶头骨,能说话,会唱歌。这些水晶头骨里隐藏了有关人类起源和死亡的资料,能帮助人类解开宇宙生命之谜。根据传说,人们必须在2012年12月21日之前找到全部头骨。那一天是已经循环了5125年玛雅历法的终结。除非13个头骨聚集在一起并按正确的位置摆放,否则地球将飞离轴心。只有那样做,头骨的超自然力量才能挽救地球。

虽然人们对玛雅文化中种种不可理解的成就早有所闻,但一个在1927年发现的水晶头颅,却不能不令人震惊。这个头颅用水晶雕成,高

第一部分 世界末日预言一览

12.7厘米,重5.2公斤,大小如同真人头,是依照一个女人的头颅雕成的。至今一千多年历史,专家们研究过头颅的表面及其内部结构后,肯定其历史非常悠久。

然而,人们对这个水晶头骨的来历众说纷纭。的确也有一些证据能表明古代玛雅人有可能制作过水晶头骨,但也有另外一些证据表明,是后来的阿兹特克人和墨西哥中部及高原上的印第安人制作了它们。这些古代人都善于在水晶上雕刻一些美丽的物品,也很频繁地使用过头骨这一意象。

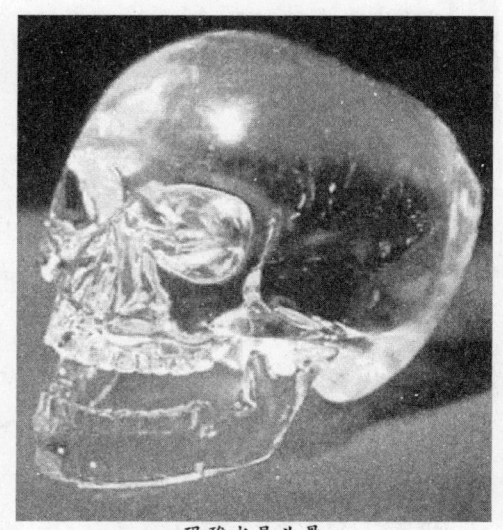
玛雅水晶头骨

可惜的是,至今为止,现在世界上只发现一个水晶头骨是真品。是否真的还有其他的12个水晶头骨我们还没有找到,并且真的有那么神秘?现在依然是个疑问。

科学与人物

玛雅历法

玛雅人认为一个月(兀纳)等于20天(金),一年(盾)等于18个月(兀纳),再加上每年之中有5未列在内的忌日:一年实际的天数为365天。这正好与现代人对地球自转时程的认识相吻合。

20金(天)=1乌纳(月)/20天

18乌纳=1盾(年)/360天

20盾=1卡盾/7200天

20卡盾=1伯克盾/144000天

20伯克盾=1匹克盾/2880000天

20匹克盾=1卡拉盾/57600000天

20卡拉盾=1金奇盾/1152000000天

20金奇盾=1阿托盾/23040000000天

  玛雅人的数字是20进位的,每月也只有20天。他们通用的历法有两种,一种叫"圣年历",作宗教崇拜用,把一年分为13个月,每月20天,全年共260日。第二种是"太阳历",又称"民历",每年有18个月,每月20天,另加5天是禁忌日,即全年共365天,每4年加闰1天。在平时,玛雅人是把两种历法同时使用的。他们的纪年,由"5日"的名号,与1到13的数字相配合,便能组成52年循环一次的周期(颇像中国的天干地支纪年)。这套历法,玛雅人早在纪元前已熟练运用,其精确程度远远超过同时代古希腊或古罗马人所用的历法。

  斐声国际的作家、工程师兼业余科学家摩利斯·科特罗(Maurice Cotterell)精于玛雅古文明研究,他经过科学的计算得出太阳磁极每隔一定的周期就会对调一次。由于地球的磁场受到太阳磁场很大的牵制,当太阳磁极逆转时,地球磁极也会跟着对调,令地球磁南北两球互换。生物无法适应突然发生的重大气候变化,而集体死亡。例如:长毛象本是热带地区的生物,但由于磁极的对调,使它们生存的地方变成天寒地冻的不毛之地,于是发生长毛象在西伯利亚、阿拉斯加集体死亡的事情。而考古学上的证据显示这两个地方原本属于热带气候的。 地球灭亡之日,古玛雅人早就已经将那个日子准确地算出来。在不少预言中,年代记载最完整的,算是《克奥第特兰年代记》,摩利斯·科特罗,由此也说明我们现在的第五太阳纪开始于公元前3113年。而在经历玛雅大周期的5125年后,第五太阳纪迎向最终。与现在西历相对照的话,这个终结日就在公元2012年12月22日。

  美国科尔盖特大学考古天文学家安东尼·阿维尼是一名玛雅文化研究专家。阿维尼表示,玛雅预言中关于2012年12月21日是世界末日的说法是一种被误解的说法。那一天是玛雅历法中重新计时的"零天",表示一个轮回结束,一个新的时代的开始,而并非指世界末日。

玛雅人确实遗传下来了一本手卷,也就是著名的"德雷斯顿抄本"。在"德雷斯顿抄本"的最后一页,有关于世界末日场景的描述。该场景设想一场洪水将毁灭整个世界。不过,这种世界末日的假想在许多文化中都有存在,并不仅仅是玛雅人才有的预言。对此,阿维尼认为,这种设想并不能当作证据来看待,更不能看作是一种预言。

相反,阿维尼认为,玛雅人事实上并不擅长预言。他解释说,"他们对时间的认识大多是针对过去的,而不是未来。当你了解关于长历法的记载后,你就会发现里面讲的大多是玛雅统治者和他们祖先的关系。统治者把自己的渊源说得越久远,越能说明统治者地位的合法性和正统性。我认为,这就是玛雅统治者为什么使用长历法的原因。因此,长历法并不是为了预言未来,而是为了证明过去。"

2.《易经》与世界末日

《易经》的起源

《易经》又名《周易》,是预测变易的中国古书,具备中国古典文化的哲学和宇宙观,是我国一部最古老而深邃的经典,据说是由伏羲的言论加以总结与修改概括而来(同时产生了易经八卦图),是华夏五千年智慧与文化的结晶,被誉为"群经之首,大道之源"。在古代是帝王之学,政治家、军事家、商家的必修之术。从本质上来讲,《易经》是一本关于"卜筮"之书。"卜筮"就是对未来事态的发展进行预测,而《易经》便是总结这些预测的规律理论的书。早在十七世纪,《易经》传到西方并且译成欧洲文字。那时候,《易经》的六十四卦被编成二进制。

它的成书时间历来颇多争论,它的起源十分神秘。根据推测,《易经》已有5000年的历史。中国神话认为是上古帝王伏羲创作了《易经》,就在公元前2800年,比埃及的金字塔还早一个世纪。传说远古的伏羲创八卦、夏禹将其扩充为六十四卦,六十四卦被记载在《连山》一书。到了商朝,六十四卦的次序被重新排列,被记载在《归藏》一书。

依据司马迁《史记》的"文王拘而演周易",后人因此认为《易经》是商朝末年、西周之初的时候确立,是周文王奠定了《易经》以"干"为第一卦,并为每一卦写下"卦辞"(卦象的解释)。周文王之子、周武王之弟周公旦则被认为是"爻辞"(每一爻的解释)的创立者。

张岱年根据卦爻辞中的故事,如"丧牛于易","丧羊于易","高宗讨鬼方",和"帝乙归妹","箕子之明夷"等,都是商和西周的故事,周成王以后的故事,没有引用,因此推论《易经》成书不能晚于成王时代。

从《易经》看2012

那么,《易经》中是否也有对2012的预测?毕业于加州大学伯克利分校生态系的美国作家泰瑞士·麦凯南*(Terence McKenna)在《看不见的地貌》《The Invisible Landscape: Mind, Hallucinogens, and the I Ching》一书中,按文王卦"乾、坤、屯、蒙、需、讼、师……"一直到"小过、既济、未济"的顺序,做了很简单的变爻加减计算,并将这个数列的正向与反向头尾相接成为一个模块。根据我国道家对于"阴阳互动,周流不止"的观念,将这模块做了三个层次、类似六爻成卦的叠加处理,再设定数值整合不同曲线特性,加总之后就得到一个"时间函数",可以用来向上推测天文、向下研究DNA。

麦凯南于1969年由加州大学柏克莱分校的生态系毕业,随后于1971年与弟弟和朋友前往南美洲热带雨林研究巫师所使用的帮助意识改变药物,而就在使用这种药物的多次经验中,他称自己接到灵界讯息,要他去把《易经》文王卦的六十四卦象做数学处理,然后将结果与历史事件做比较。

麦凯南认为,他的这种"时间波动函数",类似碎型(Fractal)数学,在时间轴线上等于对概率世界的描述,而函数曲线的上下,代表着历史上"新

第一部分 世界末日预言一览

奇事件发生频率或数目",它是一种有序但看似混乱又缺乏因果关系的共振现象,因为它不断在我们存在的时空中重复地出现。正是这一点使得中国人可以用它来占卜,并且运用到道家文化的各个层面。而西方的生命科学发现DNA结构(小)与生物演化的螺旋周期性(大),也可以由这个时间波动函数中得到宏观的解释。

每种组合方式(卦)都可以表现成一个变量,最终形成一张曲线图,当麦凯南把这张曲线图附上时间表,他发现居然与人类4000年的历史相吻合,这条曲线始于《易经》的创立之初,这一时期也是世界其它文明萌芽之时,六十四卦象在历史中重复64次。

麦凯南称自己这个理论为"时间波归零",这条《易经》曲线上的波峰与波谷看上去准确地预言了罗马帝国的没落、新大陆的发现、以及20世纪的世界大战等等,但最奇怪的是时间线在一个特定的日期结束,这就是2012年12月21日。

他认为那就是2012年末将会遇到每26 000年才一次的地球、太阳与银河系中心连成一线的岁差天文事件。麦凯南说自己在这之后才知道玛雅历也是在那个日期结束,所以,他感觉到关于那个日期的预言是真的。

麦凯南一直没有将计算机程序的细节公开,也没有在任何权威刊物发表他的"伟论"。很多人怀疑麦凯南写计算机程序构成与已知历史配合的《易经》六十四卦,然后以曲线表达出来。技术上要做这样的事,其实并不困难。

在影片《2012 Pole Shift:Mayan and I Ching Prediction》中,以《易经》第六十三卦"水火既济"来比喻2012——我们可以从第六十三卦"水火既济:亨、小、利贞,初吉终乱",接着看第六十四卦"火水未济:亨、小狐汔济,濡其尾,征凶,无攸利"来看2012年前后的转变,这亦是西方诸多2012的讨论中,经常被引用的《易经》的观点。

另外,《易经》认为太阳岁有五季,由此而创立了五行学说。河出图、洛出书,伏羲认为是吉兆,按河出图研究天体的运行规律,相生相克,所以,河出图对太阳岁有五季的变化规律用现代高等数学轨迹方程是一个正弦

11

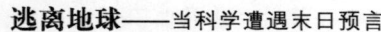

曲线,因为地表存在平均摄氏0-15度的恒定温度,所以,不会出现余弦,就像月亮的上弦一样。

3600年太阳围绕它的天体完成一次公转,那么,它的一个季度为720年,按此推论,每隔720年左右我国大陆架将出现一次大地震,3600年则会发生一次全球性的特大地震。这个时候地球的东、西地震经络带(火山群带)将开裂,释放地核由太阳天体引力场剧烈变化的共振不平衡能量,所以,地球的阴、阳气经络带不是常开阖的,是按太阳的季节变化有规律的开阖,而我们现在正处于3600年前那个剧烈变化的时代,例证就是巴人创建的"三星堆文化"可能就是毁于3600年前的一次突如其来的罕见大地震。

不过,这些都没有科学依据。

(*注释:关于泰瑞士·麦凯南的说法,引自楼宇伟博士的研究文献。)

科学与人物

《易经》的科学性

《易经》有着深奥的科学内涵。"如果该理论是优雅的模型,它能描写大量的观测,并能预言新观测的结果,则它就是一个好理论。"(《讲演录》第32页);无疑,一个好理论,在于它所描绘的模型与所描述的预言,这一切,必在将来发生,以新的观测结果,证实预言。中科院曾邦哲的结构论提出"太极图是元气本原、阴阳变易、卦序组织和道、器观念的综合",认为是中国文化中特有的一种同型、同构数学模型的图式逻辑体系,涉及到宇宙的本原论、演化论与建构论,以及"道"的精神与"器"的物体观念的模型化逻辑思维方法。

当代的粒子、粒场、胶子、镜像、对称、超弦、膨胀、坍缩、婴儿、弱力、强力、能量、奇点、《混沌性》与《原始弹性》等等的前沿科学、观察、实验、概念、论证、原理与法则;如,《洪特规则》与《泡利不相容原理》、《超弦的标准模型》、《宇宙网》、《P膜》、《M-理论》与《明暗物质圈环》等等,恰如其分地印证,道家《易经》在自然科学的领域里,关于物质的微观和宏观构思的描述,与模型的描绘、推演与明确的预言。道家《易经》构思的模型与预言,是科学的模型与预言。

《易经》是中华文化的根,大约在新石器时代就诞生了,是中国进入文明社会的重要标志。它不但是最早的文明典籍,同时也对中国的道教、儒家、中医、文字、数术、哲学、民俗文化等产生了重要影响。

《易经》是一种人工编码系统。它由阴阳通码卦符组成了八卦、六十四卦、三百八十四爻三个不同水平的系统层次,同时配以卦辞和爻辞进行文字说明,有着严密、完美的内码数理结构,是目前所知的上古文明中层次最强、结构最严密的符号系统,也是最早运用系统论的典型。《易经》系统的开放性和兼容性为后世系统论应用树立了典范。

《易经》编码遵循严密的相似论、相应论、相关论、相对论规律,运用简单卦符系统对宇宙万物发展演化规律进行模拟,找到了事物间的抽象关联,比之研究具象关联的现代科学可谓是一个全新的领域。

"易道广大,无所不包","大道之源",这就是《易经》的科学内涵,其中的奥妙至今仍值得深入研究。

3.《推背图》预言世界末日

"推背图"是中国预言中最为著名的奇书之一,相传为唐朝贞观年中李淳风和袁天罡所著。全集一卷,凡六十图像,以卦分系之。每幅图像之下均有谶语,并附有"颂曰"诗四句,预言后世兴旺治乱之事。

书名"推背图"是根据第六十图像(最后一卦)中的颂曰"万万千千说不尽,不如推背去归休"而名。

《推背图》与2012解析

推背图第五十二象 乙卯

谶曰：

慧星乍见，不利东北。

踽踽何之，赡彼乐国。

颂曰：

枪一点现东方，

吴楚依然有帝王。

门外客来终不久，

乾坤再造在角亢。

北美的玛雅人历法讲，我们人类正在经历着一个历时五千多年的星系更新，时间是从公元前3113年起到公元2012年止。其中每二十年又是一个小周期，从1992年到2012年这二十年是本次太阳纪的最后一个周期，又被叫做"地球更新期"，其间一切都将面临净化和更新，然后人类就将进入新纪元。不谋而合的是，中国唐代的《推背图》第五十二象里的"乾坤再造在角亢"（"角亢"是借传统上的东方青龙七宿寓指龙年），2012年也恰恰是龙年。

推背图第52象

《推背图》共六十象，由于预言准确，使历朝统治者都为之心惊，所以《推背图》一直被列为禁书，现存的原本为清乾隆年间举人金圣叹评批版本，置于台北故宫。

从第五十六象开始，《推背图》预言了关于人类末世的世界大战。

《推背图》第五十六象：

第五十六象 己未

谶曰：

第一部分 世界末日预言一览

飞者非鸟,潜者非鱼;
战不在兵,造化游戏。
颂曰:
海疆万里尽云烟,
上迄云霄下及泉。
金母木公工幼异,
干戈未接祸连天。

金圣叹:此象行军用火,即战不在兵之意。颂曰海疆万里,则战争之烈不仅在于中国也。

这是一场空前的世界大战,涉及空间深远,上及宇宙,下及深海,武器也前所未有,尖端程度完全超出了人类的想象,并且祸害惨烈。

推背图第56象

谶曰:"飞者非鸟,潜者非鱼;战不在兵,造化游戏。"

"飞者非鸟,潜者非鱼",意指这场战争使用的武器相当尖端,在天空宇宙中穿梭往来的并非"鸟",在海中游梭往来的不是"鱼",估计是飞机、导弹、潜水艇、核舰之类,《推背图》是古人的预言,那时没有这些科技词汇,超越了他们的想象,只好以"非鸟"、"非鱼"来形容。

中国《推背图》最后一象:
一阴一阳,无终无始;
终者自终,始者自始。
颂曰:
茫茫天数此中求,
世道兴衰不自由。
万万千千说不尽,
不如推背去归休。

图样是两个男子,一前一后,后面的在推前面的背部。明末清初文学批评家

推背图第60象

金圣叹(字若采)的批注点评:"一人在前,一人在后,有往无来,无独有偶,以此殿图其寓意象深远。盖无象之象,胜于有象,我亦以不解解之,著者有知当亦许可。"

《推背图》在这里强调,万事由天不由人,万事已由天定,事物本身奈何不得,人也奈何不得。《推背图》又说,这个天定的"天数",都已写在《推背图》里了。

《推背图》的这些观点与《圣经》的观点其实是一样的,《圣经》说,历史是由神策划引导的,一切尽在神的掌控之中。历史上所有的事件都不是偶然的,背后都有神的旨意。《圣经》所描写的历史以及所预言的人要走的道路,都反映着神的意志和安排。

近代宗教改革的旗手卡尔文说,神在创世之前就把一切都预定好了,小至我们人生的道路,大到人类乃至整个宇宙空间的演变和历史,无不在神的预定中。

《推背图》与《圣经启示录》,都对人类末世和结局作了相同的预言。

即人类在末期,将有一场旷古空前的战争,然后是一个空前的美好的和平世界。

4.《圣经》与世界末日

《圣经》是西方的基督教的宗教经典,至今已经有三千多年的历史。《圣经》又分为《旧约圣经》和《新约圣经》两部分,两部分的内容各有所侧重。

在历史上出现过不少预言家,还有不少预言书籍,其中著名的法国诺查丹玛斯的《诸世纪》曾经轰动一时,极受人们的重视,过去不少人都说书中所说的预言,在历史上一一应验,并且预言1999年是世界末日,只是没有被他不幸言中,于是坊间对这些预言书的重视程度,立即下降。

第一部分 世界末日预言一览

然而,唯独是西方的《圣经》,以及中国的《推背图》,仍受到不少人的重视,《圣经》的"启示录"和《推背图》的第六十个卦象,都分别预言世界末日,但并没有指明末日的时间。

《圣经》预言世界末日:

世界末日七大征兆(《圣经·启示录》):

1.敌基督将会以撒旦的名字再次出现。到时候,仿佛被火烧着的大山将会被扔进海中,海的三分之一变成血,海中的生物死掉三分之一,船只也坏了三分之一;

2.有个烧着的大星,像火把一样从天上掉下来,掉在三分之一的江河中和河水的源头上,这个星叫苦艾。三分之一的江河变成苦艾,因为水变苦了,许多人会死;

3.巴比伦帝国会再次出现;

4.耶路撒冷的圣殿会再次出现;

5.诺亚方舟会再次出现;

6.到时候会大地震,太阳变黑,月亮变红,星辰坠落大地;

7.凡不信奉我的,到时候会信奉我。到了世界末日那天,除非有神的印记之外,其他的一切都会遭到毁灭。

在诸种《圣经》预言之中,末世预言历来是很为人重视的,在《圣经》的原文中,尤其是在旧约《但以理书》和新约《启示录》都预言空前大恐怖,人类的末日将会在不久之后的一天到达期限。在所有预言里,《圣经启示录》可能对于人类最后的这段时期讲得最准确、最详细。例如在《圣经》的《启示录》中就预言了,世界末日来临时的一场规模巨大、空前惨烈的人类大劫难。书中描述了一场由一个被称做"羔羊"的人(实际是指上帝)和他的信众与被称作"兽"的势力之间所发生的激烈较量。由于许多人都受到了"兽"的迷惑,助纣为虐,犯下了大罪,所以人类会经历巨大的灾难。《启示录》中提到了包括规模空前的火灾、地震、蝗虫、瘟疫等等。这场灾难的最后结果是被称为"羔羊"的上帝和他的圣徒们战胜了邪灵怪兽,之后是所有的罪人都会经历"最后的审判"而受到彻底毁灭性的惩

17

罚。《启示录》似乎完全像是神话或科幻故事,对于许多人来说这些《圣经》的预言不过是为了达到让人民弃恶从善,信仰上帝的目的罢了。

科学与人物

如果说《启示录》中的预言只是上帝对于这个物欲横流的世界的一种警告,那么《圣经》的密码就是这种警告的具体表现,《圣经》密码预言了后世很多具体的事情。

据报道,一份此前从未为世人所知的牛顿手稿被人发现,让人惊讶的是,这份手稿内容研究的根本不是有关宇宙和地心引力等科学问题,而是有关《圣经密码》的神学论文,尤为耸人听闻的是,在这份秘密手稿上,这位伟大的科学家竟将世界末日定为2060年,在这一年瘟疫和战争毁灭整个世界。

作为科学家和神学家的牛顿,花费了大约50年的时间写下了4500页研究手稿,试图预言世界末日何日到来,但是,一直以来,牛顿对于《圣经密码》的解释都不为人知。一直到牛顿死后几百年,两位专家才通过电脑数学运算程式来研究《圣经》,不久之后他们声称已经用计算机发现了真正的"圣经密码"。据他们称,通过一定的跳跃序列选择出《圣经》中的字母,然后再拼成新的单词,他们竟然从中拼出了"希特勒"、"大屠杀";"毕加索"、"艺术家";"爱因斯坦"、"绝顶聪明的人"等词语,这些预言与几百年前牛顿的预言不谋而合。

不过,这篇论文发表之后,引起了全世界学者的争议,很多人都对此提

伟大物理学家牛顿

出了质疑。反对论学者认为利普斯等人所研究的《圣经》原文已经跟古抄本有一定的差别,包括句点和字距等都不一样,而且所解码的希伯来文圣经,只有辅音字母,没有元音字母。因此它完全不值得相信。另外,这种解码方式,即实际上关于如何用数学运算法,古代犹太神秘哲学家迈蒙尼德解释希伯来文圣经时已经提出过。瑞普斯用计算机算出的所谓"圣经密码",只不过是一种断章取义罢了,毫无科学性可言。

随着牛顿这份预言"世界末日"时间的手稿在耶路撒冷重见天日,一些专家认为,如果《圣经》中根本不存在什么密码,尽管牛顿是一个非常伟大的科学家,但是,他似乎也是一个非常蹩脚的神学家,那么牛顿尽毕生之力研究出的这个"末日数字",正如黑格尔所说的"行伟大之思者,必有伟大之误",圣经密码中的末世预言也只不过是牛顿的一个耸人听闻的"伟大错误"罢了。

从古至今对启示录的解释,一直是解经家所争执的。解释启示录者,分为三大派:一,过去派;二,历史派;三,将来派。过去派以为:全书差不多都已经应验了。它的一大部分,都是应验在过去的奋斗中,就是教会与罗马的奋斗,而教会得胜,是最终的结果。历史派以为:这本书是教会的一部历史,说出世界罪恶的权势,如何与教会争战。在改教的时候,这种解说是最流行的,特别在拿破仑崛兴的时候,人以为这是最终公认的解释。将来派以为:本书的大部分尚未应验,若是应验,则俟之将来。从第四章起,尚未有一字应验。

《圣经》给人带来的是光明,是积极的,而不是制造恐慌与消极的思想。所以《圣经》虽讲到末日,但没有提到具体哪一天。

5.地球与太阳磁极将于2012年发生颠倒

据互联网相关报道,美国宇航局发表声明:地球与太阳的磁极将于

2012年发生颠倒。另外,据印度报业托拉斯消息,一项电脑模拟预测显示,地球与太阳的磁极将于2012年发生颠倒,所引发的地球磁力混乱可能对人类造成一定程度的影响。

那么,这个消息如何产生?它到底是什么意思?又意味什么呢?以下我们进行详细的解读。

天体物理学家与计算机科学家共同研究发现,地球与太阳在2012年都会进入一个磁极颠倒的过程。而上次发生同等现象的时间是在恐龙消失时。印度一个研究公司最近发布了这一预测。

北极与南极磁场发生颠倒的过程为磁极颠倒。这一现象导致的最坏结果将让地球磁场的磁力为零高斯(高斯为磁感应单位)。如果此时再遇上周期为11年的太阳两极磁场颠倒,地球上可能引发一系列的混乱事件。在现代人类历史中,还没有此类现象发生时的场景记载。

磁场消失的火星

根据电脑模型预测,地球和太阳的磁极颠倒将会引起电子故障,鸟类迁徙时也会迷路。如果当地球磁力为零时,所造成的后果就更为严重。

电脑模拟结果显示:地球零磁力下的所有动物,包括人类的免疫系统将大为降低;地球的外壳会发生更多的火山喷发、地震、泥石流等现象;地球磁圈将被减弱,来自太阳的宇宙辐射就会增大,最终可能对人类造成辐射灾难;一些小行星将朝地球方向飞来;地球的重力也会发生变化。

这项模拟结果最后认为,如果所有的零磁力推测都同时发生,那么,

第一部分 世界末日预言一览

只有居住在地球外壳深部地带的有机体能够不受影响。届时,人类躲避灾难的方法就是躲到地壳以下,或者搬到其它星球上居住。也许火星会是一个合适的选择。

尽管电脑模拟结果有些骇人听闻,但最近美国宇航局发表声明说,地球两极颠倒会使地球磁力不稳,并且变弱,磁力为零只是最坏的可能而已,并不一定会发生。

丹麦行星科学中心一个研究小组近日详细分析了丹麦"阿斯泰兹"号人造卫星收集的最新资料,在对比新旧数据后惊讶地发现,地球两极的磁场正以惊人的速度变化着,南大西洋和北冰洋的磁场都出现了多个大洞。磁场本是由于熔岩状的金属物围着地核对流后产生的,因此,这些科学家认为,南大西洋和北冰洋下方可能出现了此类巨型涡流,从而影响了其上空的磁场。由于巨型涡流的力量足以逆转其他涡流的方向,因此极有可能令南北极就此开始大翻转。

关于地球两极大翻转的话题并不新鲜,英美科学家曾发现在过去的200年内,地球的磁场正在急剧地衰弱,并预言在未来的1000年内,地球磁场可能会完全消失,从而导致地球南北两极大翻转。英国地质学家亚兰·托马斯教授说:"从前地球磁极大约每隔25万年翻转一次,自上一次磁极翻转以来,地球磁极已有100万年没有翻转了,下次地球磁极翻转,也许用不了等多长时间。"但对这一问题,科学家们有不同的看法:一部分人认为,这是地球磁极即将出现翻转的信号,另一部分人则认为,这只是暂时的衰弱,几百年后地球磁场将会重新转强。

地球磁极翻转造成的后果相当严重,首先,一些低轨道的卫星将完全暴露在太阳电磁风暴的吹打中,不用多久就会被完全摧毁,人类高科技通信技术将会遭遇毁灭性的瘫痪。此外,许多随季节变化而移居的候鸟或动物———从燕子到羚羊,几万年来它们一直依赖先天性本能鉴别地球南北极,秋移春返,到时它们的命运很难预测。

而对于人类来说,最大的灾难莫过于强烈的太阳辐射。平时,这些宇宙射线在太空中就被地球磁场给吞没了。然而,地球两极翻转过程中一旦地球磁场消失，这些太阳粒子风暴将会猛击地球大气层，对地球气候和人类命运产生致命的影响。因此，有科学家怀疑，地球磁极翻转正是古人类文明覆灭的原因。

欧洲宇航局太空天气研究小组主席迈克·哈普克德（Mike Hapgood）说:"我并不认为这份特殊报告是散布谣言，科学家对于自然事件现象的研究分析还是比较客观的，他们的分析是经过认真思考的。这是一份公正的科学分析报告，值得人们引起高度重视。"

科学与人物

对于网上流传的"地球磁极将于2012年颠倒，这会给人类造成严重的灾难……"的这一说法，我国天文学专家、中科院紫金山天文台天文研究员王思潮表示，这一预测既缺乏事实依据，也缺乏科学依据，因而公众没有必要为之担忧。

"目前，人类尚无法准确预报地震，而地球磁极颠倒的预测则比地震的预测要难得多，科学家们还没有掌握到磁极颠倒的原理。"他表示，"人类目前所掌握的科技水平还根本无法预测4年之后地球磁极的变化情况。因而，这条消息显然是缺乏科学依据的。"

他介绍，现在科学家已经考察清楚的是，在最近几百万年的时间里，地球的磁极已经发生过多次颠倒：从69万年前到目前为止，地球的方向一直保持着相同的方向，为正向期；从235万年前至69万年前，地球磁场的方向与现在相反，为反向期；从332万年前到235万年前，地球磁场为正向期；从450万年前至332万年前，地球磁场为反向期……

他说，从目前科学考察的结果来看，人类还没有发现磁极颠倒会给地球带来灭绝性的灾难，因而，这条预测消息中所称的电脑模拟预测的灾难性后果，很多都是非常荒谬的。地球磁场发生颠倒，不会造成重力随之变化，更不会使一些小行星朝地球飞来。

"目前人类的科技水平比起69万年前地球磁极颠倒时，已不知高出多少倍了,因此,即使地球磁极发生颠倒,人类也完全有能力应对它。"他最后说,"公众没有必要为此类空穴来风、危言耸听的消息而担忧。"

那么,磁极倒转时磁场会消失吗?

科学家早就知道地球磁极会漂移、倒转。1831年英国学者到达北极时才发现北极和磁北极相隔一段距离,并定下磁北极点的位置。但到了1904年,挪威学者重测磁北极点时,发现它比原来位置移动了50千米。现在人们已知道20世纪的100年里,磁北极点一直在加速漂移,每年平均约移动10千米。现北极点已从加拿大移至西伯利亚了;两极磁场也在迅速减弱,从19世纪以来已减弱10%,而且今后减弱会加快,约每100年减弱5%,故长此下去,地磁是会发生倒转的。

至于地磁倒转原因现尚无定论。有人认为地幔流动方向若与地球自转方向相反时,两极地区就会形成一系列反向磁场,而这些反向磁场要是连成一片并持续发展下去,地磁磁极就会颠倒。也有人认为,这种颠倒是太阳系穿过银河的其他星系时,受它们强大磁场影响之故。至于多少年倒转一次也是众说纷纭,有人认为50万年;有人认为25万年;甚至有人认为1 000万年以来已经倒转50次了,即平均10万~20万年倒转一次;有人认为上次倒转距今已100万年(有的说只有70万年);也有人认为,恐龙时代的白垩纪,在其3 500万年间,一次也没有发生过。

正由于地磁倒转原因不明、规律不清,所以何时将发生新的倒转也只能是推测而已。如有人认为在2 000年内,也有人认为只1 000年内。倒转时是否会发生磁场暂时消失现象呢?有人认为会,但也有人认为不会,因为那时只是南北磁极很弱,而其它地区磁场还在,呈现了多极化和复杂化而已。

逃离地球——当科学遭遇末日预言

6. 天王星异常接近地球引发海啸地震

据德通社2005年3月31日报道,德国最畅销报纸《图片报》周三在头版以"异常的天王星"为题,指神秘的"灾难行星"天王星正异常地接近地球,恐将给地球带来海啸地震等异常现象。

《图片报》报道说,有逾500万读者的《图片报》周三引述美国太空总署科学家以及占星家等专家,指太阳系的第7枚行星天王星拥有"四极"磁场,功能有如"一个巨大的宇宙真空吸尘机",把地球的地壳板块吸离地层。

报道指出,这种磁场拉力在地球的赤道地带较强,因为热带地区较南、北极更接近天王星。这种磁场力量"强度足以在赤道上吸起带电的尘粒子",可能干扰到地球的地壳,引发海底地震及夺命的海啸。

报道说,最近发生地震的密度增加,天王星的轨道令该遥远行星反常地接近地球,由原本距地球31.4亿公里,拉近至目前只有25.9亿公里,并将一直保持此距离至2012年。报道警告,未来10年将会发生更多由天王星引发的地震,直至天王星慢慢退回原有的太阳系位置。

报道引述负责美国行星探测器"航海家号"计划的科学家斯通指出,"航海家号"亦发现强大、异常的天王星磁场。

报道引述占星学家指出,天王星一向古怪奇特,它在18世纪被发现后纳入用于占星的天宫图,被视为剧变、灾难性转变及狡诈多变的象征。

报道称,这与德国一名占星家的预言不谋而合,他说"天王星入了双鱼宫,正是灾难之兆"。

第一部分 世界末日预言一览

科学与人物

天王星——英文名称：Uranus。

太阳系八大行星之一。按距离太阳的次序计为第七颗行星。1781年由英国天文学家赫歇耳发现。与太阳平均距离28.69亿千米。直径51800千米，平均密度1.24克/立方厘米，质量8742×1028克。公转周期84.32年。平均公转速度：6.81 km/s。直径51800千米，平均密度1.24克/立方厘米，质量8742×1028克。公转周期84.32年，自转周期239小时，为逆向自转。表面温度约-180℃。有磁场、光环和15颗卫星。自转周期：约15.5小时。会合周期：369.66日。平均近点角：142.955717°。轨道倾角：0.772556°（6.48°对太阳的赤道）。升交点赤经：73.989821°。近日点辐角：96.541318°。

近年内，随着天王星接近昼夜平分点，地球上的观测者看见了天王星有着季节的变化和渐增的天气活动。天王星的风速可以达到每秒250米。在西方文化中，天王星是太阳系中唯一行星，以希腊神祇命名的，其他行星都依照罗马神祇命名。

根据旅行者2号的探测结果，科学家推测天王星上可能有一个深度达10000公里、温度高达摄氏6650度，由水、硅、镁、含氮分子、碳氢化合物及离子化物质组成的液态海洋。由于天王星上巨大而沉重的大气压力，令分子紧靠在一起，使得这高温海洋未能沸腾及蒸发。反过来，正由于海洋的高温，恰好阻挡了高压的大气将海洋压成固态。海洋从天王星高温的内核（高达摄氏6650度）一直延伸到大气层的底部，覆盖整个天王星。必须强调的是，这种海洋与我们所理解的地球上的海洋完全不同。

对于天王星异常接近地球——"天王星的轨道令该遥远行星反常的接近地球，由原本距地球31.4亿公里，拉近至目前只有25.9亿公里，并将一直保持此距离至2012年"一说，据有的天文界人士分析，首先，那些灭亡论者连天王星到地球的平均距离都不知道。天王星离太阳的平均距离是30.24天文单位，考虑上偏心率距离地球最近也有29天文单位左右。29天文单位大约等于44亿千米，而不是31.4亿千米。此外，对于天文稍有了解的人都知道，天王星的运行周期非常长，几乎可以看作不动。在一年中，地球到天王星的距离从29到31天文单位中周期变化一次。而不是说天王星在2005年到2012年一直接近地球。

7. 厄尔尼诺

据南京大学教授林振山等人预测，2011年会发生厄尔尼诺事件。2011年是很特殊的一年，将共发生4次日食。其中1月4日，6月1日和11月25日的日食发生在极区，7月1日的日食发生在高纬地区，有可能诱发厄尔尼诺。2012年发生2次日食，5月20日发生在高纬地区，11月13日发生在中纬地区。

自然界的巧合，使厄尔尼诺事件与磁力危机在2012年共同威胁地球上的生命。

一百多年来，著名的厄尔尼诺年是：1891年、1898年、1925年、1939~1941年、1953年、1957~1958年、1965~1966年、1972~1976年、1982~1983年和1997~1998年。

近20年来厄尔尼诺现象分别在1976~1977年、1982~1983年、1986~1987年、1991~1993年和1994~1995年出现过5次。1982~1983年间出现的厄尔尼诺现象是本世纪以来极其严重的一次，在全世界造成了大约1500人死亡和80亿美元的财产损失。进入90年代以后，随着全球变暖，厄尔尼诺现象出现得越来越频繁。

根据日食—厄尔尼诺系数理论，计算出2011年日食—厄尔尼诺系数为10.5，2012年日食—厄尔尼诺系数为13。可以对比的是，1997年日食—厄尔尼诺系数为12，但在那一年，却发生了20世纪最强的厄尔尼诺事件。

第一部分 世界末日预言一览

科学与人物

厄尔尼诺是太平洋赤道带大范围内海洋和大气相互作用后失去平衡而产生的一种气候现象，一种自然界失去原有规律而产生的表现，称之为厄尔尼诺现象，其显著特征是赤道太平洋东部和中部海域海水出现显著增温。"厄尔尼诺"一词来源于西班牙语，原意为"圣婴"。厄尔尼诺现象是海洋和大气相互作用不稳定状态下的结果。每次出现较强的厄尔尼诺现象都会导致全球性的气候异常，例如，我国在1998年遭遇的历史罕见的特大洪水，厄尔尼诺便是最重要的影响因素之一。由此可见其对气候的影响之深远。在众多的2012年的世界末日预言中都提及到了气候的重大变迁。

厄尔尼诺现象是周期性出现的，大约每隔2-7年出现一次。

厄尔尼诺影响：

首先，是台风减少，厄尔尼诺现象发生后，西北太平洋热带风暴（台风）的产生个数及在我国沿海登陆个数均较正常年份少。

其次，是我国北方夏季易发生高温、干旱，通常在厄尔尼诺现象发生的当年，我国的夏季风较弱，季风雨带偏南，位于我国中部或长江以南地区，我国北方地区夏季往往容易出现干旱，高温。1997年强厄尔尼诺发生后，我国北方的干旱和高温十分明显。

第三，是我国南方易发生低温、洪涝，在厄尔尼诺现象发生后的次年，在我国南方，包括长江流域和江南地区，容易出现洪涝，近百年来发生在我国的严重洪水，如1931年、1954年和1998年，都发生在厄尔尼诺年的次年。我国在1998年遭遇的特大洪水，厄尔尼诺便是最重要的影响因素之一。

最后，在厄尔尼诺现象发生后的冬季，我国北方地区容易出现暖冬。

根据近50年的气象资料，厄尔尼诺发生后，我国当年冬季温度偏高的几率较大，第二年我国南部地区夏季降水容易偏多，而北方地区往往出现大范围干旱。

据历史记载,自1950年以来,世界上共发生13次厄尔尼诺现象。其中1997年发生的并且持续至今的这一次最为严重。主要表现在:从北半球到南半球,从非洲到拉美,气候变得古怪而不可思议,该凉爽的地方骄阳似火,温暖如春的季节突然下起来大雪,雨季到来却迟迟滴雨不下,正值旱季却洪水泛滥。

科学家们认为,厄尔尼诺现象的发生与人类自然环境的日益恶化有关,是地球温室效应增加的直接结果,与人类向大自然过多索取而不注意环境保护有关。

根据对近百年来太阳活动变化规律与厄尔尼诺关系的研究,科学家发现太阳黑子减少期到谷值期是厄尔尼诺的多发期,并有2至3次厄尔尼诺发生。

早期,人们对东太平洋出现的暖洋流兴趣十足,为其取名为"上帝之子"。一是因为它常发生在圣诞节前后,更主要原因,它与当地的丰收年景有关。1925年人们目睹了秘鲁附近发生的暖洋流,当年3月沙漠地区降雨量多达400毫米,而前5年降水总和不足20毫米。结果,沙漠变成绿洲,几乎整个秘鲁覆盖着茂密的牧草,羊群成倍增多,不毛之地纷纷长出了庄稼……尽管人们也发现,许多鸟类死亡,海洋生物遭到破坏,但人们依然相信是"圣婴"给他们带来了丰收年。

几十年过去了,人们对厄尔尼诺现象已有全新理解,特别对生态、环境、气候乃至世界经济的影响,有了较深刻的认识。科学家确信,厄尔尼诺,特别是强厄尔尼诺会给世界经济带来巨大灾难。美国《纽约时报》和《洛杉矶时报》提供的评估材料显示:1982~1983年的暖事件中,秘鲁是受害最重的国家之一。事件发生前,秘鲁供应的鱼粉占世界38%,1982~1983年秘鲁的捕鱼量从过去的1030万吨锐减到180万吨;美国作为鱼粉的代用品——黄豆的价格暴涨3倍,饲料价格上涨反过来又使鸡的零售价猛涨;菲律宾干旱严重,导致椰子价格大幅度上扬,又使制造肥皂和清洁剂的成本大大提高……1997年8月,世界气象组织的一份报告指出,1982~1983年的厄尔尼诺,造成全球130亿美元的直接经济损失,间接和

第一部分 世界末日预言一览

潜在影响难以估计。

我国科学家对1871~1997年发生的厄尔尼诺事件研究认为,以热带东太平洋地区洪水泛滥、热带西太平洋地区荒芜干旱为特征的厄尔尼诺,对世界的影响弊大于利。特别是90年代以来发生的4次厄尔尼诺,使太平洋沿岸国家遭受重大损失,澳大利亚发生数十年最严重的干旱,粮食持续减产,经济作物破坏严重;印尼、澳大利亚森林大火损失惨重,举世瞩目;厄尔尼诺还使美国东部出现少有的寒冬,造成能源、交通运输等经济损失数百亿美元;东亚许多国家经历了少有的冷夏,水稻严重减产。我国科学家认为,厄尔尼诺对我国的影响明显而复杂,主要表现在五个方面:一是厄尔尼诺年夏季主雨带偏南,北方大部少雨干旱;二是长江中下游雨季大多推迟;三是秋季我国东部降水南多北少,易使北方夏秋连旱;四是全国大部冬暖夏凉;五是登陆我国台风偏少。除了上述一般规律外,也有一些例外情况。因为制约我国天气气候的因素很多,如大气环流、季风变化、陆地热状况、北极冰雪分布、洋流变化乃至太阳活动等。

至于厄尔尼诺形成原因,则是当代科学之谜。大多科学家认为不外乎两大方面:一是自然因素。赤道信风、地球自转、地热运动等都可能与其有关;二是人为因素。即人类活动加剧气候变暖,也是赤道暖事件剧增的可能原因之一。

"反厄尔尼诺":

拉尼娜为西班牙语"小女孩"的意思,用以指赤道太平洋东部和中部海表温度大范围持续异常变冷(连续6个月低于常年0.5℃以上)的现象。可见,拉尼娜的定义正好与厄尔尼诺相反,故也被称为"反厄尔尼诺"。

拉尼娜常与厄尔尼诺交替出现,但其发生频率要低于厄尔尼诺。例如,20世纪80年代以来仅发生了3次拉尼娜,是厄尔尼诺发生频率的一半。从上世纪初到1992年期间,拉尼娜现象共发生了19次,大约每3年—5年发生一次,但也有间隔达10年以上的。拉尼娜多数是跟在厄尔尼诺之后出现的,前述19次拉尼娜现象,有12次发生在厄尔尼诺年的次年。

厄尔尼诺的发生机制正好相反,当赤道太平洋信风持续加强时,赤道东太平洋表面暖水被吹走,深层的冷水上翻作为补充,海表温度进一步变冷,从而形成拉尼娜。

拉尼娜对天气气候的影响大致与厄尔尼诺相反,但其影响程度和威力较厄尔尼诺要小。拉尼娜出现时印度尼西亚、澳大利亚东部、巴西东北部、印度及非洲南部等地降雨偏多,在太平洋东部和中部地区、阿根廷、赤道非洲、美国东南部等地易出现干旱。

拉尼娜年,我国容易出现冷冬热夏,即冬季气温较常年偏低,夏季偏高。另外,在西太平洋和南海地区生成及登陆我国的热带气旋个数,拉尼娜年比常年多。

至于2011~2012年是否有厄尔尼诺强现象或者拉尼娜现象出现并改变目前的气候状态,我们需要拭目以待。

8. 霍金的末日预言

斯蒂芬·威廉·霍金

史蒂芬·威廉·霍金出生于1942年1月8日英国牛津,出生当天正好是伽利略逝世300年忌日。

他毕业于牛津大学和剑桥大学,并获剑桥大学哲学博士学位。他因为在21岁时不幸患上了会使肌肉萎缩的卢伽雷氏症,所以被禁锢在轮椅上,只有三根手指可以活动,1985年,因患肺炎做了穿气管手术,彻底被剥夺了说话的功能,演讲和问答只能通过语音合成器来完成。1973年,他考虑黑洞附近的量子效应,发现黑洞会像黑体一样发出辐射,其辐射的温度和黑洞质量成反比,这样黑洞就会因为辐射而慢慢变小,而温度却越变越高,最后以爆炸而告终。黑洞辐射的发现具有极其基本的意义,它将引力、量子力学和统计力学统一在一起。

1980年以后,霍金的兴趣转向了量子宇宙论。

2004年7月,他改正了自己原来的"黑洞悖论"观点。

史蒂芬·威廉·霍金的生平是非常富有传奇性的,在科学成就上,他是有史以来最杰出的科学家之一,他证明了黑洞的面积定理。在富有学术传统的剑桥大学,他担任的职务是剑桥大学有史以来最为崇高的教授职务,那是牛顿和狄拉克担任过的卢卡逊数学教授。他拥有几个荣誉学位,是最年轻的英国皇家学会会员。1978年获物理界最有威望的大奖——阿尔伯特·爱因斯坦奖。在公众评价中,被誉为是继阿尔伯特·爱因斯坦之后最杰出的理论物理学家之一——"在世的最伟大的科学家"、"另一个爱因斯坦"、"宇宙之王"。霍金的声望,令他多次获邀到外地演说,常获国家元首接见。他提出宇宙大爆炸自奇点开始,时间由此刻开始,黑洞最终会蒸发,在统一20世纪物理学的两大基础理论——爱因斯坦的相对论和普朗克的量子论方面走出了重要一步。

他的贡献是在他40年之久被卢伽雷病(肌肉萎缩性侧索硬化症、卢伽雷氏症)禁锢在轮椅上的情况下做出的,这是真正的空前绝后。他的贡献对于人类的观念有深远的影响,所以,媒介早已有许多关于他如何与全身瘫痪作搏斗的描述。霍金虽然身残但志不残,而且非常乐观,克服了残疾之患而成为国际物理界的超级新星。他不能写,甚至口不能言,但他超越了相对论、量子力学、大爆炸等理论而迈入创造宇宙的"几何之舞"。尽管他那么无助地坐在轮椅上,他的思想却出色地遨游到广袤的时空,解开了宇宙之谜。1988年出版《时间简史》,至今已出售逾2500万册,成为全球最畅销的科普著作之一。

霍金预言一:移民外太空

2006年访问香港时他说:"在200年内,我们可能已经在月球建造永久基地,400年内可能已经在火星建基地。但月球和火星都很小,而且缺乏或完全没有大气层。我们不会找到像地球一样美好的地方,除非我们离开太阳系。往太空扩展生存空间,对人类的生存很重要。地球上的生命受到灾难或者灭绝的危机愈来愈大,如全球温室效应、核武战争、基因改造病毒以及一些我们想像不到的灾难。不过,如果人类能避免在未来数百年内自我毁灭,我们应该会在地球以外找到生存的居所。"

霍金预言二:外星人与外星生物

2010年4月25日,斯蒂芬·霍金在一部纪录片中说,外星人存在的可能性很大,但人类不应主动寻找他们,应尽一切努力避免与他们接触。美国《探索频道》25日开始播出系列纪录片《跟随斯蒂芬·霍金进入宇宙》。霍金在片中向观众介绍他对是否存在外星人等宇宙未解之谜的看法。英国《星期日泰晤士报》25日援引霍金的话报道,宇宙中存在超过1000亿个星系,每个星系都包含大量星球。仅仅基于这一数字就几乎可以断定外星生命的存在。"真正的挑战是弄明白外星人长什么样,"霍金说。在他看来,外星生命极有可能以微生物或初级生物的形式

霍金想象的外星生物

第一部分 世界末日预言一览

存在,但不能排除存在能威胁人类的智能生物。

"我想他们其中有的已将本星球上的资源消耗殆尽,可能生活在巨大的太空船上,"他说,"这些高级外星人可能成为游牧民族,企图征服并向所有他们可以到达的星球殖民。"霍金认为,鉴于外星人可能将地球资源洗劫一空然后扬长而去,人类主动寻求与他们接触"有些太冒险"。"如果外星人拜访我们,我认为结果可能与克里斯托弗·哥伦布当年踏足美洲大陆类似。那对当地印第安人来说不是什么好事。"

如果真的有外星生物,它们会是什么样子?《国家地理杂志》节目根据著名物理学家史蒂芬·霍金的推论,用电脑画了"外星邻居"的生存状态。这是霍金提出"人类千万不要和外星生物接触"的警告后,首次向世人展示他想象中的外太空生物。

霍金表示,许多星球的生存环境都极端恶劣,这也造就了与地球生命形态完全不同的外星生物。在霍金的构想中,最奇特的是外星水母。它们是一种气囊状生物,漂浮在外星的大气层中,居然以闪电为食。在一些液态行星上,可能有类似墨鱼的海洋生物存活在冰层下的深海温水区,它们身体能发出冷光,主要以海洋中一些小虫子为食。

在荒芜的外星中,很少有植物覆盖,只是有一些地衣类植物紧紧贴着地面生长。有的植物为了避免强烈的太空辐射,甚至只生长在岩石的缝隙中。要食用这些植物并不容易,这就导致一些大嘴巴素食动物应运而生。它们的大嘴有些像大象的鼻子,构造如同强力吸尘器。这些巨嘴动物使劲一吸,紧贴地表或者岩石缝隙中的植物就进入了它们的嘴巴。尽管食物稀少,它们还是喜欢成群活动。除了睡觉之外,它们每天把绝大部分时间花在了吸食上。

霍金预言三:时光机与虫洞

霍金继承认外星人的存在后,又发表一个惊人论述,他声称带着人类飞入未来的时光机,在理论上是可行的,所需条件包括太空中的虫洞或速度接近光速的宇宙飞船。至于时光机的关键点,霍金强调就是所谓的"4度空间",科学家将其命名为"虫洞"。霍金强调,"虫洞"就在我们四周,只是小到肉眼很难看见,它们存在于空间与时间的裂缝中。

他指出,宇宙万物非平坦或固体状,贴近观察会发现一切物体均会出现小孔或皱纹,这就是基本的物理法则,而且适用于时间。时间也有细微的裂缝、皱纹及空隙,比分子、原子还细小的空间则被命名为"量子泡沫","虫洞"就存在于其中。

"虫洞的存在引发了不少人关于'虫洞型时间机器'的概念。"霍金说,"有些科学家认为,我们可以截获这样一个虫洞,然后将它扩大数亿亿倍,足以让一个人,甚至是一艘太空船从中通过。只要有足够的能源和超前的科技,或许还可以在宇宙中,制造出巨大的虫洞。"虫洞机器的一端在距离地球不远的地方,另一端则位于一颗距离我们无比遥远的行星附近。这样,星际旅行就可以经由虫洞实现。同时,理论上,虫洞还可以有更多的用途。如果虫洞的两个端口设置的地点相同,但时间不同,那飞船穿越虫洞之后,将仍然停留在地球附近,却会出现在不同的时间里。

结论:我们身边到处都是时空隧道,不过你钻不进去。

霍金一直试图找到一条禁止时间旅行的新物理定律,以证明这是不可能的,他把这一定律称作"时序保护猜想"。

"我有一个'科学狂人悖论'的想法,可以证明无法回到或改变过去。"霍金说。假设通过虫洞时间机器,一个科学狂人看见了一分钟前的自己。如果他通过这个虫洞,开枪打死一分钟前的自己呢。一分钟后的他,打死了一分钟前的他,那么,谁又是一分钟后的他?这个绕口令无论如何都无法解释,到底是谁开的枪?

"通过时间机器回到过去,会破坏主宰整个宇宙的最基本法则。"霍金将他的"时序保护猜想"归结为"起因一定发生在结果之前,绝不能本末倒置",回到未来,基本上就是在和全宇宙对着干——事物不可能否定自己的存在前提。"如果可以的话,那么任何力量都不可能阻止宇宙陷入彻底的混沌。"

第一部分 世界末日预言一览

霍金称,音乐会上的啸叫,就是时间机器无法稳定存在的说明。音乐通过麦克风,进入音响被放大播出,播出的声音会再次进入麦克风。一次又一次经过这样的循环,每一次都让声音变得更大。如果没人阻止,极端"啸叫"就会让音响系统彻底崩溃。

结论:哪怕是在未来,人类也没有成功发明时间机器,宇宙不会让我们修改因果关系。

"我认为同样的事情也会发生在虫洞型时间机器中,只是辐射取代了声音。当时间机器打开的瞬间,自然界的辐射会进入其中,并形成循环,'辐射啸叫'会被虫洞放大,变得无比强烈,最终导致时间机器瓦解。"霍金说。

或许这种啸叫,就是时间保护自己的方法。让时间机器无法稳定存在,在时间被改变前,时间会毁掉时间机器。

霍金预言四:世界末日

据《国际在线》2010年8月9日报道,著名物理学家史蒂芬·霍金日前在接受美国著名知识分子视频共享网站BigThink访谈时,再曝惊人言论,称地球将在200年内毁灭,而人类要想继续存活只有一条路:移民外星球。

霍金表示,人类如果想一直延续下去,就必须移民火星或其他的星球,而地球迟早会灭亡。至于这个时间期限,霍金预言:两个世纪。霍金认为,生物而非物理领域将给人类带来最大的挑战,"核武器需要庞大的设施,但是转基因的研究工作可以在规模不大的小实验室完成,你无法控制世界上所有的实验室。未来的危险是,要么偶然也可能是蓄意地,我们在某一天创造出了毁灭人类的某种病毒。"至于对前途的看法,他仍持从前的观点,即要生存下去,只有向太空移民。

霍金说:"人类已经步入越来越危险的时期,我们已经历了多次事关生死的事件。由于人类基因中携带的'自私、贪婪'的遗传密码,人类对于

逃离地球——当科学遭遇末日预言

地球的掠夺日盛,资源正在一点点耗尽,人类不能把所有的鸡蛋都放在一个篮子里,所以,不能将赌注放在一个星球上。"

但是,如何前往外星球?科学家估计,如果用化学燃料的飞行器,前往最近的适宜生活的星球要5万年。如果想要在人类寿命期限内移民,我们必须研制出接近光速的飞行器,同时还要保持舱内的人们在飞行过程中能持续抵御来自外太空的种种辐射。

科学与人物

斯蒂芬·威廉·霍金

"霍金预言地球末日"的消息在疯狂流传,关注度高居不下。对于霍金此番言论,我国专家表示地球在200年内毁灭是不太可能的事,短期内移居外星球也不现实。

百度视频中,关于霍金预言的视频被放在显著位置。仅一天时间,视频的播放次数就将近60万人次,评论数千条。有网友留言,霍金是著名天文物理学家,此番预言肯定有相关的依据。也有网友嗤之以鼻,认为霍金在哗众取宠,地球毁灭论已经不新鲜,不值得相信。

部分网友从地球保护的角度进行分析,认为霍金此番言论是为了警示人类爱护地球,保护地球。"石油已快枯竭,可利用的水资源已经愈来愈少,可用耕地、森林每天都在剧减,新型垃圾导致的基因变异加快,新型疾病的不断出现以及未来的核战导致的直接和间接伤害,人类如果继续伤害地球,也许两百年都等不到了。"

专家认为,警示意义大于实际。北京市科协副主席、中国科技馆原馆长王渝生认为,200年内地球毁灭不大可能。但是,从警示人类的角度来看,我们过度开发资源,利用资源,不注重保护地球的生态环境,导致地球环境日益恶化,人类的生存环境日渐恶劣,霍金提醒我们保护地球未尝不可。而对于外星人是否存在,王渝生认为"宁可信其有,不可信其无",但人类至今没有足够证据证明外星人曾造访地球。而就目前来说人类移居外星球的可能性不大,"当然,多年以后科技发展到一定程度,移居外星球也许成为现实。"

9.其他末日预言

1.公元前2800年:亚述人泥碑上记述了世界末日,这是人类最古老的世界末日预言。碑文上写道:"我们的地球在今后将衰落。种种迹象表明世界将迅速走向灭亡。贿赂和腐败相当普遍。"

2.公元18年:在仔细研究犹太教神秘教义然后,土耳其犹太教牧师沙巴蒂萨维(SabbataiZevi)预言,弥赛亚(犹太人所期待的救世主)将于公元18年复临人间,他的名儿就叫沙巴蒂萨维。公元18年早已成为过去,但萨维所说的大灾祸根本没有发生。

3.公元2世纪:孟他努教(Montanists)有可能是第一个得到普遍认可的信奉"世界末日"的邪教。该教由孟他努斯(Montanus)在公元155左右创建。他的信徒认为耶稣基督即将重返人间,在土耳其中部安纳托利亚建立一个基地,他们在那里一起等候世界末日的到来。孟他努斯是一位有着伟大感召力的宗教首脑,可以用多种语言向教徒发表演说,但他所有的预言到最后都落空了。

4.公元970年3月25日:洛塔林王朝(Lotharingian)算士们认为,他们在《圣经》中发现了证据:某个宗教节日的关联词显示着世界末日的时间。他们只是在第一个千年到来前夜散布世界末日言论的无数信徒的一部分。圣伯诺修道院的一个修道士给他们的国王写了一封信,诉苦了洛塔林人的做法:"由于安琪儿送喜节指向耶稣受到灾难日的传言几乎遍布地球每个角落,毫无疑难,这有可能是世界末日。"在这个不祥的日期过去前,人们对千年的忧虑持续了整整30年。

5.公元1284年:教皇英诺森三世预测耶稣基督将在这一年会再次降临人世。他预言的日期是根据穆斯林信仰开始的日期,然后再在这一日期基础上加之666年而得到的。

6.波提切利的《神秘的降生》:《神秘的降生》这幅油画出自意大利文艺复兴初期画家桑德罗·波提切利(SandroBotticelli)之手,现收藏在伦敦国家美术馆。波提切利曾经用希腊文在油画上题文,将16世纪初期称之为世界末日来临前的一个时期,也就是所谓的"苦难日",并预言基督将于1504年左右再临人世。

7.公元1524年2月1日:一群英国占星家预言,人类将在这一年迎来第二场"大洪水",这场灾祸的源头就在泰晤士河。这一预测让不少人感到紧张,当时共有约2万人弃家逃到高处,但最后全都白跑一趟。有意思的是,犯这类错误的不仅仅是英国占星家,德国占星家约翰尼斯斯图弗勒(JohannesStoeffler)也在同一月做出近似的预言。

8.公元1666年:这一年出现了太多显示世界末日的晴雨表。由于年份中包含三个"6",一些人便将它与《圣经启示录》中的"兽数666"接洽起来,长时间肆虐的英国瘟疫更加剧了人们的恐惧。面对这些个所谓的兆头,很多人越发相信,发生在这一年的伦敦大火就是最后审讯日的一种兆头。

9.公元1794年:美以美会创始人查尔斯·卫斯理(CharlesWesley)相信,世界将在这一年走向毁灭。无独有偶的是,震颤派也预言这一年将出现所谓的"最终审讯"。

第一部分 世界末日预言一览

10.公元1814年12月25日：在英国德文郡，一个名叫"乔安娜·南考特(JoannaSouthcott)的女人自称是先知，并断言自己以后怀上的孩子就是耶稣，救世主将借助她的身体在1814年圣诞节那一天再次降临人间。具有讽刺意味的是，南考特的处女之身一直保持到60多岁，但她仍然信赖自己的预言绝对是会成为现实。 12月25日最终没有成为世界末日，但确实有重大而悲惨的事情发生——自称先知的南考特正是在这一天告别人世的。有意思的是，很多人仍旧信赖她的预言。1927年，有人当着格兰瑟姆主教的面打开一个神秘的密封盒子，听说里面藏着南考特留下的一条重要信息。盒子打开后，人们并没有发现所谓的重要信息，只是发现了一张彩票。

11. 公元1836年：查尔斯正是卫理公会教派领导人约翰·卫斯理(JohnWesley)的哥哥。虽然哥哥的预言已经被证明是错误的，但约翰还是决议"亲自上战场打仗"，预言1836年就是世界末日，《启示录》中描述的大怪兽将在这一年出现。不幸的是，约翰最终步了哥哥后尘。

12. 公元1847年8月7日：德国曾出现一个很小的邪教，名为"Harmonists"，现在早已被很多人遗忘。它的领导人乔治·拉普(George Rapp)相信耶稣会在他死前重返人世。直到生命的最后一刻，拉普也未曾动摇过这种信念。但事实证明，他的预言是错的。

13.1919年12月17日：气象学家艾伯特·波尔塔断言称，行星出现罕见的连接，将建立强大的重力或磁通流量，使得巨大的太阳耀斑冲向地球，摧毁地球大气层。一些人听到这种预言后很轻易地相信了，相信世界末日真会降临，不敢面对现实，选择了自杀。

14.公元1967年：世界末日预言最火爆的一年，吉姆·琼斯、文鲜明(Sun Myung Moon)以及自称与UFO接触过的乔治·范·塔塞尔都预言，这一年的"爱之夏"将是世界末日。

15.公元1987年4月29日：有"世界末日商贩"之称的利兰、延森又开始宣传更多的地球将灭亡的消息，此次他的借口是地球很可能将与哈雷彗星相撞。

16.公元1992年9月28日:古怪的传教士罗伦·斯图尔特公开宣称,他破译了《圣经》中的一句话,这一天将是世界末日。他不断鼓动人们采取疯狂行动。后来,斯图尔特因绑架罪入狱,他挑起的末日疯狂也达到了极点。

17.公元1997年3-5月:波尔·波普彗星产生了许多"世界末日"论,这些观点的形成却是由于业余天文学家库克·施拉梅克的错误观测导致的。他在Usenet消息网络中宣称,波尔·波普彗星将跟随一个同伴天体出现。随后该网站将此消息迅速地传播至世界各地,立即引起了全球范围内的骚动。引起此次恐慌的原因还有太阳系将通过一个神秘、完全虚构的太空区域——"光子带"。"天堂之门"异教徒利用这些恐慌消息声称世界末日将到来,于当年3月进行了一次集体性自杀。

18.1999年,关于世界末日的预言和夸大性谣传比比皆是,使得全球性恐慌气氛变得十分强烈。一些非常出名的预言家称,1999年7月将是《圣经》中的哈米吉多顿(世界末日善恶决战的战场)。下半年,关于世界末日的谣传稍稍平息下来时,又有消息声称"卡西尼"太空探测器将碰撞上地球,同时在地面上泄漏出该探测器上的放射线物质。《诸世纪》中有关于人类1999年7月的预言。其实文中并没有世界末日字样,关于其1999年是世界末日之说,纯属误传。

原文:1999年7月,为使安哥鲁莫亚王复活,恐怖大王将从天而落,届时前后玛尔斯将统治天下,说是为让人们获得幸福生活。

19.2007年4月13日:一位未透露姓名的赌徒与博彩公司Ladbrokes用10英镑打赌,预言2007年4月13日将是世界末日,赔率为10000比1。令人不解的是,如果真的这位赌徒预言成功,他将如何收集这一笔财富呢?

20.2008年3月21日:一个名叫"上帝的目击者"的小型基督教组织宣称,2008年3月21日将是世界末日,至今这一预言仍挂在该网站上。

21.俄罗斯人预测2009年世界大战爆发,核危机。

22.台湾一个学龄前班的孩子突然说起古maya语,大概意思是说要净化地球,时间是2012年。

23. Amorah Quan Yin通灵预测:洪水、地震、大陆板块移动、火山喷发、以及最终的两极变换,将会在2013年之前发生。

24.《圣经密码》指出,彗星将在那一年撞击地球,玛雅年历的注解显示宇宙末日将发生在2012年的12月21日。

25.世界著名自然灾难专家比尔·麦克古尔:2015年7月,人类将从此踏上万劫不复的地狱之旅,战争、瘟疫、干旱、洪水、饥荒、飓风和孩子的哭泣……向着无路可逃的末日劫难一路走去,如果净碳排放7年内依然无法稳定,等待着人们的将是不可逆转的恶性循环和撒旦诡异的微笑。

26.2182年9月24日,一颗名为RQ36的小行星可能会撞击地球,其威力相当于百枚氢弹爆炸。这一新闻在近日也是引起了相当大的关注度。目前,NASA也在考虑是否需要发射一颗探测器到这颗小行星上进行样本采集,进而获知更多关于这颗小行星的信息。

> 在未来200年人类将面临多种灾难，人类能够幸免的机会可能只有50%，尽管这些大灾难未必完全真实可信，然而，其中有一些预言却是相当具有预见性。

第二部分
全球过去、现在、未来的大灾难

世界性大灾难

1.超级病菌杀手侵袭

从古至今，人类一直备受疾病的困扰，而这些疾病的发生往往与病菌有关。这些病菌曾经给人们造成过极大的恐慌，甚至改写人类的历史。我们把世界历史上严重爆发过的一部分传染病灾难，归纳如下：

1.雅典大瘟疫
公元前430年，希腊史学家修昔底德记录了这场席卷整个雅典的瘟疫。这场瘟疫是人类历史上记载较详尽的最早的一次重大疾病灾难,直接导致了雅典近1/4的居民死亡,"雅典的世纪"从此风光不再。

2.多种瘟疫集体爆发——安东尼瘟疫

公元2世纪中期,伤寒、天花、麻疹以及中毒性休克综合征等多种瘟疫一起袭击了安东尼统治下的罗马帝国。罗马史学家迪奥卡称,当时罗马一天就有2000人死亡。最后,整场瘟疫导致罗马本土1/3人口死亡,总死亡人数估计高达500万,有史学家称古罗马帝国因此走向灭亡。

3.世界第一次大规模鼠疫

世界第一次大规模鼠疫,开始于公元541年,最初先在东罗马帝国属地的埃及爆发,接着迅速传播到了首都君士坦丁堡及其他地区。君士坦丁堡40%的城市居民在此次瘟疫中死亡。大量尸体不论男女,长幼和贵贱,覆压了近百层,埋葬在一起。这场鼠疫继续肆虐了半个世纪,1/4的东罗马帝国人口死于鼠疫。

4.肆虐三百年,死亡近两亿,欧洲"黑死病"

"黑死病"于1347年在西西里群岛爆发后,在3年内横扫欧洲,并在20年间导致2500万欧洲人死亡。患者没有任何治愈的可能,皮肤出现许多黑斑,死亡过程极其痛苦,故称为"黑死病"。此病在随后300年间多次在欧洲卷土重来,后世学者估计,共有多达2亿人死于这场瘟疫。

5.灭绝印第安人的天花

被史学家称为"人类史上最大的种族屠杀"事件不是靠枪炮实现的,而是天花。15世纪末,欧洲人踏上美洲大陆时,这里居住着2000~3000万原住民,约100年后,原住民人口剩下不到100万人。

研究者指出,欧洲殖民者把天花患者用过的毯子送给了印第安人。随后,瘟疫肆虐,由欧洲传来的腮腺炎、麻疹、霍乱、淋病和黄热病等也接踵而至。18世纪70年代,英国医生爱德华·琴纳发现了牛痘,人类终于能够抵御天花病毒。

6.霍乱横行的19世纪

霍乱共有7次世界性大流行的记录。第一次始于1817年,随后的5次爆发,均发生在19世纪,故被称为"最令人害怕、最引人注目的19世纪世界病"。霍乱导致的死亡人数无法估量,在印度仅仅100年间就死亡3800万人,欧洲则在1831年一年里就死亡90万人。

英国医生约翰·斯诺在1832年英国霍乱平息之后,追查到了伦敦霍乱爆发的根源,由此证实了水源为霍乱传播途径之一。

7.西班牙大流感

1918年3月,"西班牙大流感"首先爆发于美国堪萨斯州的芬森军营,在一年之内席卷全球,患病人数超过5亿,死亡人数近4000万,相当于第一次世界大战死亡人数的4倍。

8.俄国斑疹伤寒

1917年10月,俄国"十月革命"前后,俄国斑疹伤寒严重流行,约300万人死亡。斑疹伤寒的主要传播途径是虱子。

9.疟疾

在第一次世界大战时期,殖民非洲、亚洲等地的欧洲部队发生了疟疾大流行,特别是在东非的英军,感染疟疾丧生者达10万以上。现在,疟疾已成为全球最普遍、最严重的热带疾病之一,每年全球约有3亿宗病例发生,导致超过100万人死亡。

中国历史上曾出现过三次特大规模的瘟疫,东汉末年公元204年至219年,公元12—13世纪以及17世纪中叶的大瘟疫。后两次大瘟疫,都曾造成了上百万人死亡。

1969年,香港流感爆发,导致约3.4万人丧命,这也是截至目前世界上最后一次有记录的流感大流行。

2003年发生的"非典型肺炎",或者叫"传染性冠状病毒肺炎"造成了世界性的恐慌。从2003年12月开始,禽流感在东亚多国——主要在越南、韩国、泰国——严重爆发,并造成越南多名病人丧生。直到2005年,疫症不单未有平息的迹象,而且还不断扩散。

目前,世界上大多数的国家属于"口蹄疫疫区",非口蹄疫的国家或地区仅占少数,如美国、加拿大、日本、韩国、及一些欧洲国家等,东南亚各国、香港、中国等皆属"口蹄疫疫区"。

英国政府海绵状脑病顾问委员会的一位科学家警告说：因疯牛病死亡的人数将以每年30%左右的速度逐年上升，最终每年可造成成千上万人丧生。

2010年，英国卡迪夫大学、英国健康保护署和印度马德拉斯大学的医学研究者称，他们在一些赴印度接受过外科手术的病人身上找到一种特殊的细菌，这种细菌含有一种酶，它能存在于大肠杆菌等不同细菌DNA结构的一个线粒体上，并让这些细菌变得威力巨大，几乎可以抵御所有抗生素，其中包括效力最强的碳青霉烯类。区别于其他病菌，这种来势汹汹的超级病菌拥有一种更致命的变种基因，研究人员将这种细菌命名为"新德里金属-β-内酰胺酶-1"，简称NDM-1。

据称，携带NDM-1的大肠杆菌会导致许多病人出现尿路感染和血液中毒，还会在人身上造成脓疮和毒疱，逐渐让人的肌肉坏死。病人往往因为无药可治，而引起炎症、高烧、痉挛、昏迷甚至死亡。部分感染者病情较为缓和，但也有一些人较为严重。至于这个基因引发的死亡案例到底有多少，由于多个国家还未对这类病例开设中央追踪系统，目前尚不得而知。

到目前为止，这种病毒是通过医院中的病人传染的，而且现在还没有万无一失的方法杀死它们。由于超级病菌对替吉环素和黏菌素敏感，因此，只有这两种药物对这种"超级病毒"有效，其中一种是有50年历史的老药，但这种药对肾脏损害极其严重。治疗"超级病菌"常面临双重困境，要么无药可治，要么药物比病菌还要"毒"。而且一旦细菌继续扩散，这两种药物的药效将被迅速削弱。

随着印度被感染人群正在急剧增加，这种病毒正通过现代化的交通工具跨越国家边境，在不同国家和大陆之间向全球扩散。研究者称，一旦这种扩散达到临界点，它将像SARS和其他流感病毒那样迅速传播。

由于携带这种病菌的患者都曾在印度和巴基斯坦接受过治疗，包括肾脏移植手术、骨髓移植手术、透析、生产、烧伤治疗或整容手术等。

因此,世界卫生组织特别建议各国医生密切注意曾在南亚接受治疗的患者。

多国卫生机构发出警告:感染性疾病的梦魇正在全球迅速展开。

37岁的瑞典男子艾德是第一例确诊NDM-1感染的病人。这名不幸的男子曾在印度自驾旅行,因为手臂受伤进入医院治疗,而感染了这种超级病菌。

紧接着,研究人员还在美国、加拿大、瑞典、澳大利亚、法国以及荷兰等多个国家均发现感染者。

2010年6月,《纽约时报》报道,美国疾病控制预防中心也指出该国发现三起NDM-1耐药病例。

8月13日,一名比利时男子在布鲁塞尔的医院里,宣告不治。他在巴基斯坦的旅行中遭遇车祸,因腿部伤势在当地接受治疗,随后回到比利时,但回国时已经感染上NDM-1。在电视的镜头里,主治医生显得无奈而悲伤。尽管他给这名患者使用了药力强大的抗生素,依然无法阻止这一次死亡。

短短的一两个月内,不仅仅是欧美国家,包括日本、中国等国在内的亚洲国家也已经沦陷在超级病菌的"侵略"中。

9月,日本卫生部官员首次确认日本国内有患者感染超级细菌。据日本媒体介绍,这名50多岁的患者去年5月从印度回国后,即入医院就诊,同年10月出院,住院期间出现发烧等症状。医生在他体内发现可疑细菌并采样保留,发现那名男子体内携带的正是这种"超级病菌"。目前,日本感染人数上升到53人,其中已有27人死亡。

10月,中国疾病预防控制中心在京召开携带NDM-1耐药基因细菌检测情况通气会,通报发现三例耐药细菌病例。据介绍,这三个病例分别来自宁夏回族自治区和福建省。宁夏两个病例分别为3月8日与3月11日于某县级医院出生的婴儿,均为低体重儿;福建省携带NDM-1的患者,是一位83岁的老人。

这种超级病菌的出现,威胁着全世界的卫生防御系统,但它们的出现却恰恰是由于我们人类自己的原因造成的。对抗生素的免疫力,是超级病菌的致命武器。如今,抗生素几乎被用于治疗大多数细菌感染性疾病。作为微生物的代谢产物或合成的类似物,抗生素能抑制病原的生长和存活,而对人体不会产生严重的副作用。不少科学家对此持悲观态度,他们认为可能10年内都不会有对NDM-1有效的新抗生素出现。他们甚至担心,NDM-1的出现,与人们多年来滥用抗生素存在着密不可分的关系。

诺贝尔获奖得者莱尔德堡格曾经说过这样的话:"同人类争夺地球统治权的唯一竞争者就是病菌。"虽然听起来有些耸人听闻,但病菌曾主宰过地球确实是事实。考古学家发现,恐龙时代的鸟类化石就有感染细菌的痕迹,有人甚至指认它是上次生物大灭绝的凶手。距今700万年的人类祖先的遗骸中也毫不例外地留下了病菌引起的脓肿。在没有抗生素以前,人类凭借自己的免疫力和当时的卫生措施抵御着病菌一波接一波的攻击。人们相信神医希波克拉底的"天火"使希腊人彻底消灭了雅典的第一次大瘟疫。印加帝国几乎被西班牙人的欧洲病菌消灭,而欧洲人则挺过了东方老鼠带来的"黑死病"菌。其中一种病菌,侵袭性A族链球菌曾经以猩红热和产褥热之名毒杀上百万人类。

直到抗生素出现,这种状况才得以改变。病菌被逐一杀死,在人类和病菌的斗争中,人类暂时占了上风。曾几何时,青霉素的诞生让人类欢欣鼓舞,甚至有人狂妄地认为,人类从此便可以抵御任何一种疾病的袭击。从此,抗生素被广泛应用于各种疾病的治疗中,甚至包括一些根本不需要抗生素的疾病。也是从那时候开始,病菌逐渐对抗生素产生了抗药性,于是,医学研究者不断发明新的抗生素来对应病菌的抗药性。抗生素的滥用和误用,终于导致了"超级病菌"的出现,病毒和其他生物一样,为了存活下去只能不断地进化着自己。

医学研究者指出,在印度和巴基斯坦等国,抗生素通常不需要处方就可以轻易买到,这在一定程度上导致了普通民众滥用、误用抗生素。每年全世界有五成的抗生素被滥用,而我国这一比例甚至接近八成。

在中国,人们习惯把抗生素叫"消炎药",是每个家庭最常备的药品,只要有点不舒服,无论头疼牙疼,都会习惯性地吃上几片。据调查,中国每年生产抗生素原料大约21万吨,除去原料出口(约3万吨)外,其余18万吨在国内使用(包括医疗与农业使用),人均年消费量在138克左右——这一数字是美国人的10倍。

我国医疗上,大医院用药比例为30%至50%,其中用抗生素的费用所占比例近一半。目前,相当多的一般感冒、流感及病毒感染,医生常规开出抗生素的现象相当普遍。如头孢拉定、头孢曲松、环丙沙星、左氧氟沙星等。但是,真正需要使用抗生素的病人数不到20%,也就是说,80%以上都属于滥用抗生素。即使我们没有滥用抗生素,抗生素依然普遍存在于我们吃的鸡鸭鱼肉和各种蔬菜中。中国每年有一半的抗生素都用于农业和养殖业。

中国是世界上滥用抗生素最严重的国家之一。正是因为这样,我们细菌整体的耐药性要远远高于欧美国家。一些专家甚至认为,一旦真正意义上的"超级细菌"在全球大爆发,中国将有可能成为"超级细菌"的重灾区。

然而,NDM-1并不是目前所知道的唯一的"超级病菌"。现如今,超级病菌的变种越来越多,名单已经越来越长。

早在1961年就发现的抗甲氧苯青霉素金黄葡萄球菌(简称MRSA)就是目前最普遍的"超级细菌",它对大多数抗生素不起反应,感染后会造成致命的炎症。2007年,MRSA在美国蔓延,由于这种病菌会通过皮肤和器物接触感染,因此蔓延速度极快,造成9万人严重感染,致死的人数甚至超过艾滋病。而且,这一数字正在逐年扩大。

紧接着,MRSA的一个变种PVL-MRSA又袭击了英国,仅一家医院就有8人感染,其中2人死亡。该变种比一般的MRSA病菌引起的感染更加严重,一些病人可在感染后24小时内死亡。首例感染是医院一名健康的年轻女护工,随后发展成严重的肺炎,在紧急手术后死亡。此后,有关方面对曾经与这位女护工接触过的病人和医院工作人员进行了监测,结果发现与这位女护工同住一屋、在另一个病房工作的一位护工也受到感染,她此前曾报告自己的皮肤出现脓肿。随后的调查发现,这两位护工的其他4名同屋也被感染。第八例是在医院实验室的血液检测中偶尔发现的,并随后追溯到一名几个月前已经死亡的病人,此人在抽血24小时内即死亡,血液检测发现了PVL-MRSA。据称,该变种增殖速度惊人,一个PVL病菌能在24小时内繁殖成1700万个。

日本在2008年从住院的女患者身上曾检测出新型的多重耐药性肺炎杆菌。肺炎杆菌是从2008年4月一名由美国转院而来的女患者尿液中检测出来的。该细菌为携带KPC酶的细菌类型,该酵素能分解治疗感染病症的"王牌"——碳青霉烯类系抗生素。

今年10月,巴西全国16所公私立医疗院所都已经发现另一种"超级细菌"——抗药性细菌"KPC",此细菌与NDM-1不同。这种细菌目前已在巴西夺走至少15条人命,确诊病例共有135起,抗药性细菌KPC也就是"碳青霉烯酶肺炎克雷伯氏菌",连被视为最后一道防线的碳青霉烯类抗生素,都对它起不了作用,过去几个星期以来感染人数激增。刚动过手术或免疫力低的病人都是感染这种细菌的高危人群,而且死亡率达到30%至60%。

不仅仅是人类,超级细菌也侵袭着动物。据英国一家有机食品倡导组织"土壤协会"发表的一份报告说,荷兰、丹麦、比利时和德国等国,目前都出现了一种新的"超级细菌"(MRSA)变种。而且,在荷兰的一些屠宰场里已发现肉类感染了这种病菌,更有近一半的养猪农户身上携带了这种病菌。此次在荷兰、丹麦、比利时和德国出现的MRSA类型与英国原有的不同,是一种新的金黄色葡萄球菌,被称为ST398,对常用的抗生素具有抗药性,它可以引起皮肤感染,有时甚至可以造成病人的心脏和骨骼被感染。令人忧虑的是,在荷兰几乎有一半的养猪农户携带了这种新型MRSA,是荷兰全部人口携菌率的1500倍。如在一个主要的养猪地区,80%患者的感染源都是农场中携带病菌的牲畜。

曾经我们大步地走在细菌的前头,而如今情况越来越糟,新的"超级细菌"还会陆续出现,或许10年~20年内,现在所有的抗生素对它们都将失去效力。而那些曾经被我们消灭掉的疾病或许会卷土重来。

曾经因为抗生素的杀菌威力而一度近乎绝迹的结核病就是一个例子。目前全世界每年新增将近1000万个结核病病例,每年约有300万人死于结核病。单在中国,目前就有活动性肺结核病人450万。更要命的是,今天的结核病病菌多数是具有强耐药能力的所谓"超级细菌",我们仿佛又回到了无抗生素时代。

导致这一结果,我们每一个人都有责任——正是因为我们每一个人对抗生素的滥用,促使细菌加速其耐药性,"超级细菌"现在已经与我们每一个人都极度接近。

非典、甲流以及目前超级病菌"NDM-1"都在预示着人类的天敌不仅只有艾滋,随着全球一体化的进程,也给了这些病菌们在全球传播和泛滥的机会。虽然目前它们并未给人类造成灾难性的影响,但这并不意味着在未来不会发生这样的事件。

科学与人物

1928年9月的下午,英国科学家亚历山大·弗莱明在英国伦敦圣玛丽医院的一间实验室里,发现他培养的一些葡萄球菌变成了青色的霉菌。凡是培养物与青色霉菌接触的地方,黄色的葡萄球菌正在变得半透明,最后完全裂解了,培养皿中显现出干干净净的一圈。毫无疑问,青色的霉菌消灭了它接触到的葡萄球菌。随后,他把剩下的霉菌放在一个装满培养基的罐子里继续观察。几天后,这种特异的霉菌长成了菌落。于是他推论,杀菌物质一定是这种霉菌生长过程中的代谢物,他称之为青霉素。

1944年,在美国洛克菲勒基金会提供5000美元的资助下,青霉素终于首次在美国生产出来了。很快,它被用于第二次世界大战的战地救护,拯救了许多濒临死亡的盟军将士的生命。就连患了肺炎的英国首相丘吉尔,也是靠它才得以恢复健康。

青霉素的成功轰动了全世界,人们把它同原子弹、雷达并列为二次大战中的三大发明。1945年,弗莱明、弗洛里和钱恩,因发明青霉素而共同分获了诺贝尔医学或生理学奖。

然而,青霉素对结核病却束手无策。在20世纪40年代以前,结核病被称为"白死病"。人们把它与中世纪的"黑死病"(鼠疫)相提并论,因为在19世纪的欧洲,它是引起死亡最多的一种疾病。在很多文学作品中,结核病患者苍白的脸色和带血的手绢,甚至成为那个时期人物的典型特征。

2.地震

2008年5月12日,北京时间14时28分,四川省汶川县映秀镇发生8.0级地震。全国大部分省市和香港、澳门特别行政区、台湾地区均有明显震感,甚至泰国、越南、菲律宾、日本等国也有不同程度的震感。此次地震破坏性巨大,造成数万人伤亡、数百万人的生活受到影响,直接经济损失8451亿元人民币。

2010年1月12日,当地时间16时53分(北京时间13日5时53分),海地首都太子港发生7.3级地震。造成27万人死亡,48万多人流离失所,370多万人受灾,数万亿元的经济损失。由于此次地震的强度、规模以及在海地人口密集的首都发生,地震被人称作"一个真正的杀人魔",这次太子港地震是现代史上死亡人数最多的自然灾难。

2010年2月27日,北京时间14时34分,智利第二大城市康塞普西翁发生8.8级地震。地质学家称,此次地震"非常巨大",释放的能量比海地太子港地震要大80倍。地震造成数百人遇难,经济损失达300多亿美元。美国宇航局科学家近日研究发现,智利大地震不仅仅造成了地表的人员伤亡和财产损失,还可能移动了地球形状轴,改变了整个地球质量的平衡。

逃离地球——当科学遭遇末日预言

2010年4月4日,当地时间15点40分,墨西哥西北部与美国交界的加利福尼亚州发生里氏7.2级地震,地震过后还发生了多起余震,余震震级最高为里氏5.1级。美国洛杉矶地区也有强烈震感。

2010年4月7日,当地时间5时15分,就在人们还在感慨几日前墨西哥的7.2级地震时,印度尼西亚苏门答腊岛发生了里氏7.8级地震。

2010年4月14日,北京时间7时49分,青海玉树县发生7.1级地震,震中位于县城附近。数百人遇难,15000户民房倒塌,受灾人数达20多万人,经济损失达8000亿元。

2010年10月25日,印度尼西亚苏门答腊岛再次发生7.7级大地震并引发海啸。明打威群岛一些岛屿遭到3米多高的巨浪冲击,岛上数百所房屋被卷走。

以上仅仅是近段时间发生的强烈地震,灾难并没有到此为止,一年之中来自多个多家的地震消息此起彼伏。2010年3月仅仅一个月里,6.0以上级别的地震就近20次之多,整个2010年地震的次数之频繁,地震强度之高,令人震惊。就全球8.5级以上巨大地震活动而言,上一次全球地震强活跃期出现在1950~1965年期间,这一时期全球发生9级以上地震3次,除1次发生在我国西藏察隅外,其余有6次均发生在环太平洋地震带上。自进入21世纪以来,全球8级以上地震发生的频率相比前数十年明显增多,类似上世纪前半叶的强震活动特征。甚至有专家强调:根据天文学、海洋学、气象学的数据,再通过一系列数学、物理的模拟计算,从现在到2018年,我们的地球已经进入特大地震多发期。

有报道说,最近发生地震的密度增加,天王星的轨道令该遥远行星反常接近地球,由原本距地球31.4亿公里,拉近至目前只有25.9亿公里,并将一直保持此距离至2012年。报道警告,未来10年将会发生更多由天王星引发的地震,直至天王星慢慢退回原有的太阳系位置。

一时间,关于2012末日说迅速在全球蔓延,搞得人心惶惶,人人自危。4月,美国加利福尼亚州的很多市民都收到一条关于地震的消息,说洛杉矶地震部门警告内部员工,让他们将家人、孩子带出学校,并储存饮

第二部分 全球过去、现在、未来的大灾难

用水,一场大地震将在24小时内来临。无数洛杉矶人为此担惊受怕了一天。在中国,无数流言也在漫天飞舞,2010年2月的一个凌晨,山西几十个县市灯火通明,人们纷纷在凛冽的寒风中走上街道,也是因为一条"今天凌晨,山西将有特大地震"的消息。

国际上多数科学家都悲观地证明:地震在本质上是不可能被预测的。因为地球处于自组织的临界状态,任何微小的地震都有可能演变成大地震。这种演变是高度敏感、非线性的,其初始条件不明,很难预测。如果要预测一个大地震,就需要精确地知道大范围,而不仅仅是断层附近的物理状况的所有细节,而这是不可能的。如果想通过监控前兆来预测地震,也是不可行的。多数甚至所有的"地震前兆"可能都是由于误释,令人怀疑"地震前兆"是否真的存在。

令人感到神奇的是,俄罗斯科学家在汶川地震发生不久前也曾预言,2018年前世界将发生大地震,破坏力堪比2004年的印尼海啸。俄罗斯科学家推测这场地震的震中可能位于以下5个地区之一:美国和加拿大西部交界带、智利、克什米尔、印尼苏门答腊岛和安达曼群岛附近的印度洋。

同时,专家还发现,大地震具有明显的周期性,在周期的末期地震的活动会加强。例如,20世纪所有4场特大地震都发生在一个很短的时期内:1952年堪察加发生9级地震,1957年阿拉斯加安德烈亚诺夫群岛发生9.1级地震,1960年智利发生9.5级地震,1964年阿拉斯加威廉王子海峡发生9.2级地震。而现在,在他们所研究的半径3000公里范围内的262个周期中,有124个地震周期出现活动加强的征兆。这意味地球正酝酿着更大的活动。

就在俄罗斯科学家做出预言的前一个月,美国地质勘探局也同时指出,加利福尼亚州在未来30年内发生能造成大面积破坏的强地震的可能性为99%。科学家设计了一种新模型,以研究大地震的发生几率。新模型综合了地震学、地震地质情况和地球表面精确测量数据等各种信息,以预报发生大型地震的可能性。他们发现,加州在2038年前不发生6.7级地

震的几率只有1%,同一期间,加州发生7.5级以上大规模地震的几率预计为46%,加州南部人口稠密地区遭遇地震的可能性最大。地质学家甚至推算出,加州最可能发生地震的地区位于洛杉矶以东里弗赛德县的圣安德烈斯断层南段。

圣安德烈亚斯断层自南加利福尼亚起,直到穿越旧金山湾区,绵延约1 300千米。它是向东南移动的北美板块和向西北移动的太平洋板块的分界。根据地质记录,科学家认为,该断层通常每隔大约150年就会断裂一次。而现在距上一次大规模断裂已经差不多300年了。科学家还预测,如果大部分圣安德烈亚斯断层同时断裂,地震会达到里氏8.2级。

如果说地球真的进入地震频发期,那么,汶川大地震可能就是其中一环,也许是2004年印度洋地震海啸的某种能量上的转移和呼应。地震,让全球息息相关。

在智利发生8.8级大地震后,很多细心的人将汶川、海地、智利三次地震放在一起比较,得出了骇人的结论。

从日期上说,三次地震的日期分别为:512、112、227。将这三组数字上下排列组合,无论横读竖读都一样。这组神秘数字令很多人震惊,有人惊呼,这就是末日代码!有人还引用了洛书中的九宫格来分析,怎么算,每次都会有个449,就像洛书中的9宫格一样,不管几位算下去,都会成立,这是否就是一种暗示?

从地震具体时间上说,汶川地震与智利地震的时间均为东8区14点30分左右。

从地理上说,汶川在北纬31度,东经103.4度。相应地球另一端的经纬度为:南纬31度,西经76.6度。而这个位置正是南美洲智利以西的太平洋沿海,由此看来,智利地震的震中与汶川地震的震中几乎完全对穿。用谷歌地图从成都保持同一经度直接往北走180度,人们惊奇地发现,成都、海地、智利在同一经度圈内。

有资料可以证明,汶川大地震期间,智利火山运动相当频繁,24小时内琉球群岛共地震22次,最大震级7.3级。南极洲5.5级,智利8.8级,环太

第二部分 全球过去、现在、未来的大灾难

平洋火圈全面点燃。

由此，甚至有人预测出下一次强烈地震将发生在日本。

随着地震发生得越来越频繁，不少国家纷纷提升应对级别，并根据科学研究做出科学的地震预言。

日本琉球大学和名古屋大学在对冲绳湾海域海底地壳变动的观察中发现，在琉球海沟里，太平洋一侧的菲律宾海底板块正挤向冲绳的欧亚海底板块。出现同样板块拥挤状态的还有静冈县、四国海域，日本学者据此判断，日本的东海、东南海、南海具有重复发生大震的可能。那些紧紧拥挤在一起的板块如果突然发生变形，就会因力量失衡而导致8级地震。此外，琉球大学地震专家中村卫从1771年发生、导致石垣岛等地12000人死亡的大海啸中分析，琉球海沟历史上曾发生大地震，石垣岛南部的某个地方可能存在导致发生地震的附着状板块地域。

英国地质调查局的地质学家马森博士表示，一道位于多佛尔海峡的断层线，将肯定第3度引发地震。他同时警告说，虽然英国一向比较少发生强烈地震，但首都伦敦随时可能发生里氏5.5至6级地震，可造成多达100人死亡，经济损失数以10亿英镑计。

我国地震部门也在一次会议上说，根据国务院批准的2006~2020年全国地震重点监视防御区判定结果预测，江苏省未来十年或稍长一段时间内存在发生6级甚至6级以上地震的可能性。

很长时间以来，科学家们和公众都预期一场大地震会降临在美国西海岸。美国地质调查局估计，包括加利福尼亚州所在的圣安德烈亚斯断层将在2038年之前将遭遇一场至少里氏6.7级地震（与1994年加利福尼亚州北岭地震震级相同）的概率高达99%。如果发生一场7.8级的地震（在很多科学家的研究报告中，这被称为"看似合理的情况"），差不多1000万南加利福尼亚州居民会遭到波及，造成约1800人死亡，5万人受伤。根据美国地质勘探局估计，这一规模的地震意味着断层将会移动13米。如此程度的错位会摧毁跨越断层的道路、管道、铁路及通信线缆，并引发滑坡。接下来数周，这一地区还将遭受一系列强度可达里氏7.2级的

余震。研究人员还指出,这场地震预计会直接造成约2000亿美元的破坏,基础设施和商业秩序被长期破坏,还将导致数十亿美元的其它损失。

然而,圣安德列亚斯断层并不是唯一一个可能断裂的断层。而且即使相隔数千千米,沿一个断层发生的地震也会引发其他断层中积蓄已久的地震。今年,加利福尼亚州北部近海岸发生的一场里氏6.5级地震位于卡斯卡迪亚地层潜没带南端。这个板块边界有能力引发一场强度至少达到里氏9.0级的地震——与引发2004年那场可怕大海啸的苏门答腊大地震震级相同。地质记录表明,公元1700年这里曾发生过一次大地震,引发的海啸穿越了太平洋,一直抵达日本。在未来数十年内发生类似规模地震的概率约为10%。

当大地开始剧烈晃动的时候,渺小的我们无法对抗大自然,这本来就是大自然的力量。纵观全球,各地地震不断,智利的8.8级大地震是1900年以来世界第五大地震,21次5级以上余震和强震引发的海啸,惊出太平洋沿岸的人们一身冷汗。

可怕的是,这或许只是个开始,大地震前后,菲律宾、日本冲绳、巴基斯坦、阿根廷、阿富汗地震接踵而至,再加上进入21世纪以来发生的一系列破坏性地震和大地震带来的一系列连锁反应,诠释着一个疯狂的地球,激发了人们意念中对末日的担忧。似乎,末日景象已经随处可见。

最近有人对地震进行了数据统计,现抄录如下:

第1世纪地震次数共15次;

第2世纪有11次;

第3世纪有18次;

第4世纪有14次;

第5世纪有15次;

第6世纪有13次;

第7世纪有17次;

第8世纪有35次;

第9世纪有39次;

第二部分 全球过去、现在、未来的大灾难

第 10 世纪有 33 次；
第 11 世纪有 53 次；
第 12 世纪有 84 次；
第 13 世纪有 115 次；
第 14 世纪有 147 次；
第 15 世纪有 174 次；
第 16 世纪有 253 次；
第 17 世纪有 378 次；
第 18 世纪有 640 次；
第 19 世纪有 2119 次。

太子港地震

第 20 世纪的地震次数，超过 5000 年来地震次数的总和。并且每年的地震次数依然在不断增加。人类自从20世纪60年代到20世纪末，短短40年，年均地震次数不断递增，而且猛增四倍。进入21世纪，全世界的地震次数依然有增无减，并且6级以上的强震次数也越来越多。据统计：

2000 年全球发生 7级以上地震共 21次之多。

2001 年全球发生 6级以上地震共 68次，其中 7级以上地震 24次。

2002 年全球发生 5级以上地震共1045次，其中 5-6级地震919次，6-7级地震108次，7-8级地震18次。

2003 年全球发生 6级以上地震共 125次。

2008年的汶川地震以及2010年的海地和智利地震波及的绝不仅仅只有发生地震的国度，同时，地震也对全球经济造成了相当大的损失。

科学与人物

李四光（1889年10月26日~1971年4月29日），中国著名地质学家，首创地质力学。中国科学院院士。周总理说过："李四光力排众议，认为地震是可以预报的。"1971年，他临终前遗憾地说，再给他半年，就可能解决地震预报问题。

李四光曾几次成功预测过的地震：

1966年邢台7.2级地震后的一次会议上提出：邢台地震之后要密切注意河北河间、沧州一带地震危险性，果然在1967年河北河间大城发生了6.3级地震；1967年他派地震地质大队的华北三队到唐山、滦县一带开展地震地质工作。1976年唐山7.8级、滦县7.1级、宁河6.9级强震群正如他所分析的那样，在他预测10年后发生了；1969年，李四光指出云南通海地震的危险性，当地质分队在1970年1月4日到达通海西北30公里的峨山时，通海发生了7.7级地震。通海地震后，1月28日在与全国地震工作会议专业队伍代表谈话时他说："四川西部是危险区"。1970年2月24日四川大邑发生了6.2级地震。

3. 火山喷发

位于冰岛南部亚菲不亚德拉冰盖的艾雅法拉火山，当地时间2010年4月14日凌晨1时（北京时间9时），开始了190年来的首次喷发。喷发地点位于冰岛首都雷克雅未克以东125公里，岩浆融化冰盖引发洪水。当火山灰传播到整个冰岛后，就连偏远农场及附近山脉都仿佛被染成了黑色，黑云遮蔽了蓝色的天空，形成的龙卷风扫过地面，感觉就像世界末日真的到来。

由于随风飘散的火山烟尘逐渐覆盖了欧洲部分地区的上空，造成欧洲的空中交通大瘫痪，数以十万计旅客出行受阻，多家航空公司蒙受巨大损失，保守估计航空业每日损失约2亿美元。

同时，火山烟尘十分细微，无孔不入。冰岛大学的分析结果显示，此次火山喷发出的火山烟尘中，有四分之一为肉眼无法观察到的微小颗粒，而且烟尘中氟含量非常高，对人体有非常大的危害。

依赖航空运输的旅游、物流等产业也受到严重波及，冰岛火山烟尘造成的影响正在向整个经济界蔓延,涉及的范围也扩散到政治、科技等社会生产生活的方方面面。北欧渔业就受到冰岛火山喷发的冲击,多国减少鱼类捕捉量,损失惨重。

更严重的是,火山喷发后,岩浆使得附近冰盖融化,引发洪水,当地河流水位急涨3米左右,威胁着道路和桥梁等基础设施。同时,喷发区周围海洋生物死亡,而那些适应高温和二氧化硫的生物将大量繁殖,新的生态系统随之逐步建立。

据了解,火山爆发形成的大量二氧化硫、二氧化碳等物质和大气中的水分相互作用,形成酸雨进入海洋。海水酸化将帮助利用碳酸钙生长的生物繁衍,其中包括叫做球石藻类的浮游植物、浮游有孔虫和翼足类软体动物,这些微小的生物是鱼类和海洋哺乳动物(包括某些鲸类)的主要食物来源,因此,有可能改变整个生态系统平衡。海水酸化对珊瑚礁的严重影响已经引起全球关注。全球珊瑚礁白化和海水酸化直接相关。

然而,就在人们刚刚从冰岛火山喷发的巨大伤害中慢慢恢复时,印度尼西亚北苏门答腊省卡罗区的锡纳朋火山在今年8月29日凌晨突然喷发,火山周围超过1万名居民被迫紧急向外疏散。这是有记录以来锡纳朋火山自1600年来的首次喷发。火山灰扩散至火山周围30公里。不少逃离的村民说,附近农田都被火山灰掩埋。

10月,在经历强烈地震、地震引发海啸等一系列灾害后,印尼又遇火山喷发。火山在30分钟时间内先后3次喷发,连日来已喷发10余次。火山灰冲上高达1500米的空中。高达摄氏600多度的火山熔岩流向山坡,很多人被岩浆烫伤,也有不少人吸入火山灰窒息而死。邻近火山的基纳里约村几乎全被炙热的火山灰摧毁,厚厚的火山灰几乎"埋了"整个村子。谁能说印尼的今天不是世界的明天呢?

然而,这仅仅是个开始,科学家警告,艾雅法拉火山爆发可能持续两年,而冰岛火山群的活跃活动可能影响欧洲几十年。爱丁堡大学火山专家梭达森指出,冰岛至少还有3座大火山很可能大爆发。这3座火山都比艾雅法拉火山来得大。也有地质学家警告说,第4座火山即将爆发。就在近日,有研究人员观测到冰岛东南部瓦特纳冰川融化引发的洪水,可能是该冰川下的格里姆火山将要爆发的前兆。专家警告说,刚刚在春天喷发过的火山似乎又要喷发了。

也是在最近,韩国学者研究表示,正处在休眠状态的长白山火山,在2014年至2015年喷发的可能性极大。由于长白山顶部有20亿吨的水,专家预测,一旦火山喷发,其威力将远远超过冰岛火山喷发。

火山爆发具有极大的破坏性,所以让人震惊,但这一系列的火山事件还引出一个更为严重的问题,火山爆发越来越频繁了吗?专家担心,如果火山再继续这样爆发下去,有毒物质进入平流层,恐怕会影响到整个地球,它们产生的严重后果,足以动摇人类文明。让地球出现异常低温,最坏的情况,地球长达一两年的阳光都会被其阻挡。

历史曾经向我们展示过火山的威力。

庞贝,一个古罗马帝国最繁荣的城市,一个蒸蒸日上的古罗马经济贸易枢纽,一个土壤肥沃、气候宜人、物产富饶的城市,也是一个坐落于维苏威火山南面的城市。公元60年8月9日至62年12月22日,中国东汉史籍记载了一颗彗星飞近地球,当然古罗马也观察到了这颗彗星,人们视之为不祥。果然,公元62年,庞贝发生了地震,这在天文学者的眼中无疑具有启示意义。17年后,庞贝再次领略了自然暴虐的一面,而且是被彻底地毁灭了。公元79年8月24日下午1时开始,庞贝开始遭受维苏威火山喷发的袭击,持续约19个小时。

喷出物渐渐在火山上方形成了厚厚的云层,将周围笼罩在一片黑暗中。空气中的火山灰呛得人喘不过气来,不断降落的浮石和火山砾越积越多,堵住了道路。傍晚之后,火山活动突然发生变化,开始释放密度更高的灰色巨大浮石。到日落时,转为更平稳浓密的火山灰。夜里还发生了强烈地震。到了早上,维苏威火山又连续3次喷发。这些喷发在30分钟内接连扫过庞贝,火山碎屑将整个庞贝城掩埋,最深处竟达19米,曾被誉为美丽乐园的庞贝从地球上消失了。

什么样的灾难能将地球瞬间吞噬?什么样的灾难能让地球进入冰河

第二部分 全球过去、现在、未来的大灾难

世纪,生命就此消逝?答案正是超级火山。一旦超级火山爆发,人类必将面临灭顶之灾,毫无逃生的机会。就目前所知,上一次超级火山爆发是在大约7.4万年以前,差一点使人类灭绝。当时,印度尼西亚苏门答腊岛托博火山大规模喷发,人类遭遇空前劫难,最后仅有数千人幸存。

目前,有一座潜在的超级火山就处在美国风景最为壮观的黄石国家公园内。科学家一致认为,美国黄石国家公园地下的超级火山是世界上最大、最危险的超级火山之一。因为在黄石国家公园的地底下沉睡着一个自然界中最大的"妖魔"——超级火山。

有报道称,今年7月23日以来,美国黄石国家公园内的部分地区已开始陆续关闭。黄石国家公园负责人苏詹尼·路易斯对此的解释是,黄石公园地底热能出现异常现象,导致地表温度升高。路易斯向记者证实:"黄石公园西边诺里斯间歇泉盆地的一部分目前已经对游客关闭。"今年8月7日,美国地质勘探局内部报告称,美国科学家将在黄石国家公园内安装临时地震检测网络,全球定位系统接受仪和高灵敏测热液温度器等,以监控可能发生的地底热液喷发危机。8月10日,美国《丹佛邮报》报道称,美国地质勘探局地质学家利兹·摩根发现黄石湖的湖床底部隆起了一个100英尺高的"大包",这个"大包"有2000英尺长,随时可能爆裂喷发。多位地质科学家担心,黄石国家公园地底的热能异常现象很可能正是这位"死亡妖魔"即将苏醒的信号。

8月24日,美国犹他州大学地震站报告称,他们在黄石国家公园南门东南9英里处的地底,监测到了4.4级的地震。美国地质勘探局的专家们承认,这次地震是"非同寻常的",因为它的震源离地面仅0.3英里。

换句话说,在地表以下20英里处,浩瀚无垠的熔岩正蠢蠢欲动,寻找出路。熔岩一旦大规模喷发,就将变成一座"超级火山",毫无疑问将成为有史以来人类面临的最惨重的自然灾害。与外形类似大圆锥的普通火山不同,超级火山来源于直径达到数百英里的大峡谷——火山爆发而形成的环形山。在峡谷的地下是一条浩瀚的熔岩湖。一旦地下液体岩石(即岩浆)从地表喷涌而出,造成的影响是难以估计的,地底岩浆将会冲到50公

里高的大气层中,1000公里范围内的所有生命都会立即被落下的火山灰和岩浆杀死,估计将有1000立方公里的火山灰喷涌出来,足够将整个美国淹没在5英寸厚的灰尘里。在持续数天的大范围火山喷发中,将发生一系列剧烈的爆炸,这也将成为75000年来人类听到的最响亮的声音。火山喷发所产生的浓密火山灰会遮蔽太阳,造成地球温度瞬间下降。

令人遗憾的是,科学家对超级火山知之甚少。超级火山地下熔岩峡谷极为广阔,使得它们的潜在喷发地点难以确认。直到近十年来,科学家才开始在全世界发现这些致命"热点",但仍不清楚它们的确切地点。截至目前,科学家已确认了近40处可能是超级火山所在地的"热点",其中包括位于美国黄石国家公园地下的一处。科学家估计,黄石国家公园底下的超级火山每隔60万年喷发一次,自上一次喷发到现在已有64万年了。这下一场超级火山喷发显然推迟好些时候了。

超级火山喷发时候到底会是一种什么样的情景?或许我们可以从恐龙那里找到部分答案。

考古学家们的一项最新研究显示,导致恐龙灭亡的原因很可能来自地球本身,而且很可能是发生在印度洋之中的一场猛烈火山喷发。

科学家们解释称,他们在印度洋底部发现了一座直径达500公里的巨大环形山,其直径是先前在尤卡坦半岛发现的环形山直径的3倍之多,其周围土壤中石英的特殊形态则很可能是由火山活动造成的。来自美国、印度和法国的科学家们最后得出结论称,当年恐龙的突然灭绝很可能是由于一场史无前例的大规模的火山爆发引起的。

6300万到6700万年前,印度德干高原上的火山爆发向空中喷出大量二氧化硫。当温度高达700℃~800℃的巨量镁铁质熔岩瞬间进入海水中时,就像冷水倒入热油锅中一样,会引起极为猛烈的喷发。由于镁铁质岩浆携带大量的硫,因此,大量的火山尘埃和硫化物都会喷射到大气的平流层,形成富含硫酸盐的"云层",这些不易消散的硫酸"云",阻挡了阳光,使气候发生变化,并形成酸雨,最终导致了包括恐龙在内的生物大灭绝。

第二部分 全球过去、现在、未来的大灾难

或许我们只能祈祷,这一切不要在我们身上重演。《2012》中黄石公园的超级火山喷发成为了人类走向"新世纪"的导火索,有科学家预测,黄石公园下的超级火山确实进入了喷发的周期,如果爆发,将对全球造成致命打击。如今,科学家们也是在密切关注着全球火山的喷发情况,像近来冰岛火山喷发就给人类提出了新的挑战,地球是我们共同的家园,一荣俱荣,一损俱损。

科学与人物

由英国布里斯托尔大学教授史蒂夫·斯帕克斯领衔起草的英国地质学会报告称,"超级火山"每5万年喷发一次,最后一次给地球造成灾难性毁灭的"超级火山喷发"发生在7.4万年前印度尼西亚多巴,而这样的火山喷发在不久的将来可能再次发生。

报道说,超级火山喷发给人类带来的灾难规模远远超过印度洋海啸,火山喷发有可能会使数百万人丧生,入大气的火山灰还会引发自然"核冬季",全球温度下降5至15摄氏度,亚洲的季风气候会因此消失,最终死亡人数可能达到10亿。在自然灾害中,只有直径达到1公里或更大的小行星撞击地球所产生的威力才能与超级火山喷发相提并论。更可怕的是,一些足以引起全球性影响的小行星每隔4千至5千年便会向地球发起冲击,而超级火山的喷发频率大约是小行星撞击地球频率的10倍。

报告主要起草人斯帕克斯教授说,各国政府有必要制订预防紧急情况的计划;"(超级火山喷发)所涉及的问题与应对一场核战争相似。各国必须制订粮食储存,避难所建设和疏散等计划。"报告的另一位作者,开放大学的斯蒂芬·塞尔夫说:"人类也许能逐步提高使小行星运行轨道偏离的能力,但永远不会开发出使超级火山发生位移的方法,只能尽量降低超级火山喷发所造成的损失。"据悉,该份报告已呈交英国政府自然危害工作组出版,英国广播公司(BBC)也准备在近日播放以美国黄石国家公园超级火山喷发为素材的影片《超级火山》。

4. 小行星撞击地球

我们都见过华丽的狮子座流星雨，我们也曾望着浩瀚的星空沉思。然而，你有没有想过，对我们美丽的地球而言，最恐怖的杀伤性武器不是正在缓慢进行的全球变暖，也不是核弹和生化危机，有可能就是那一颗颗从太空中突然疾驰而来的一颗行星。

这种事情当然不是臆想，其实地球每天都不得不迎接10亿多个来自太空的不速之客，它们是小行星和彗星的碎片，小型的碎片对我们生活影响很小，然而，行星撞击就会带来毁灭性的灾害，这样的情景就在我们所居住的星球真真实实地出现过。

一项重要研究称，有确凿证据可以证明，恐龙是在一颗大小相当于威特岛的小行星撞上地球后的几周内全部死亡的。研究人员表示，6500万年前一颗像英国怀特岛大小的小行星撞击地球，这次撞击非常猛烈，人类历史上的任何事件都没法和它比。那时撞上地球的小行星或彗星，宽度大约是6英里。它以超过40倍音速的速度冲向地球表面。它的体积非常庞大，所以当它撞上地球时，前端已经碰到了地表，尾部却还在3万5千英尺的高空，相当于喷气式客机的飞行高度。撞击地球的是高山一样大小的一块巨岩。

这次撞击事件使大量尘埃升入大气层，导致剧烈的地震和洪流接连不断发生，使北美洲发生森林大火，阻挡了太阳照射，导致植物光合作用停止，半数物种走向灭亡。最初的爆炸完全摧毁了几百英里之内的一切。整片的森林被铲平。撞击产生的震动造成了全球性的大地震，而这还只是撞击后几秒钟内发生的情况。更糟的还在后面。

一些说法指出，在接下来的几个月里，烟尘将阳光完全遮住，地球陷入了一片黑暗。大部分植物因缺乏日照而死亡，食草动物也随之饿死，整

第二部分 全球过去、现在、未来的大灾难

个食物链被拦腰斩断。这次撞击释放出大量的含碳气体,相当于现代社会使用矿物燃料3千年的总量,它加快了全球变暖的步伐。所有你能想象得到的环境灾难,都在同一时间发生了。

研究这个项目的科学家说,小行星撞地球是导致恐龙灭绝的原因。它引发的大规模火灾、里氏10级以上的地震、海啸和山体滑坡,还不够完全将恐龙杀死。然而,爆炸物以很高速度喷入大气层,是对恐龙的致命一击。烟尘遮天蔽日,地球数年内笼罩在一片昏暗之中,造成全球性的冬季,使地球陷入一片黑暗和寒冷之中,杀死了很多不能适应这种极端环境的物种。这颗小行星的大小跟威特岛差不多,撞击地球时的速度比快速飞行的子弹高20倍。从地平线上看,炙热的岩石和气体发生爆炸时,看起来可能就像一个大火球,它炙烤着那些无处藏身处的动物。这地狱般的一天一天标志着160万年前的恐龙时代的结束。

离我们最近的一次小行星撞击地球可能是在1908年。

当地时间1908年6月30日上午7时,在俄罗斯西伯利亚上空,一个雪亮的火球"轰隆隆"从东南向西北掠空而过,划向石泉通古斯卡河以北丛林地带。从勒拿河至石泉通古斯卡河之间整个东西伯利亚地区都目睹到了这一"天外来客",一些居民甚至以为天空中出现了第二个太阳。人们惊惧于它刺眼的光芒和隆隆的响声。西伯利亚铁路干线上一辆列车在坎斯克临时停车,原因是列车司机误认为车厢内发生了爆炸。附近的下通古斯和安加拉地区的村镇也出现很大恐慌,一些刚刚从日俄战争中返乡的士兵还以为是日本人打到家门口了。

火球最终在西伯利亚原始森林区上空7~10公里处爆炸,烧毁了数百平方公里的森林,并引发了4.7至5级地震,西伯利亚、欧洲和美洲的广大地区均感到了明显震感。据后来专家测算,爆炸威力相当于广岛原子弹当量的1000倍,树林毁损程度与乌克兰切尔诺贝利核电站第4发电机组爆炸后周边环境受损程度相当,只是没有核辐射污染而已。大爆炸扫平了大约2000平方公里的森林,烧毁了大量树木,引起的大气冲击波绕地球两圈。

65

幸运的是,坠落区人迹罕至,没有造成大的人员伤亡。但是,距爆炸中心数十公里之遥的一处埃文基牧民营地切身感受到了爆炸的巨大威力——帐篷被强大的气浪掀翻,猎犬惊得四散奔逃,近千头驯鹿顷刻毙命。埃文基游牧民族有个不成文的族规,如果发生森林大火,须立刻放下手中的活儿去灭火。这样,在爆炸引发森林大火之后,营地的男人们便立刻奔赴事发地。他们在途中惊讶地发现,他们经常光顾的两座山丘突然消失了,一座被夷为平地,另一座变成了一个湖泊,沸腾的湖水不断往外喷涌。联想到爆炸之前空中出现的火球,善良的牧民们认为,这肯定是民族传说中邪恶的火神奥戈达显灵了。于是,他们停止了前进的步伐,请来了见过世面的当地商人苏兹达列夫,后者警告牧民们要对此事守口如瓶,否则森林将被焚毁、野兽会被吓跑,他们赖以生存的天然猎场将遭毁灭性破坏。正因如此,埃文基人曾多年视爆炸发生地为禁区,不敢涉足。

不少科学家都解释说,此次爆炸是一块彗星碎片撞击了地球。这个由冰和尘埃构成的巨型"雪球",长约100米,重100万吨,飞行速度每秒30公里,撞击产生的能量超过广岛原子弹的600倍。如果晚到8小时,它就有可能把伦敦城变成一片瓦砾场。

就在最近,一颗被命名为2007XB10的小行星与地球"擦肩而过"。这个小行星直径1.1千米,足以造成全球规模的大灾难。幸运的是,跟其他近地小天体一样,它到地球的距离相当远,有1 060万千米,相当于地月距离(约38.4万千米)的27.6倍。事实上,还没有巨型小行星似乎会在短期内改写地球的历史。但坏消息是,在未来200年里,或许会有一颗小型太空岩石在大气中爆炸,威力足够摧毁一座小型城市。

来自西班牙的科学家们称,不久的未来,将会有一颗大质量行星撞击地球,这颗小天体编号1999 RQ36,它将有1/1000的机会撞击地球,而半数的可能性是发生在2182年。科学家们使用数学模型来对2200年前小天体1999 RQ36撞击地球的风险进行评估。他们发现2182年这颗小天体将有两次机会和地球相撞。他们发现一直到2060年,这颗小天体和地球相撞的机会都非常小,但之后这种几率急剧上升。由于其轨道特点,它在

第二部分 全球过去、现在、未来的大灾难

2162年和2182年撞击地球的可能性最大，因为那时它正经过地球附近。研究人员表示，这一天体的轨道非常诡异，使它的动向难以预料。科学家为了精确确定小行星1999 RQ36的轨道，已经对其进行了几百次光学观测和几十次雷达观测，但由于种种天体作用，它的轨道仍然有微小的变数。科学家还解释说，复杂的轨道特点不仅意味着发生大型撞击的可能性，同时也决定了，如果我们要改变其轨道，必须赶在2080年之前行动，最好是在2060年前进行，2080年之后，再要想改变这颗小行星的轨道将变得更加困难。

这颗小天体发现于1999年，直径约1837英尺（约合560米）。美国国家科学院的研究结论是，这样大小的天体一旦撞击地球，将造成撞击点附近大范围毁灭性的灾难。

就在消息发布后不久，又不断有科学家提出小行星撞击地球的时间有可能更早。

俄罗斯数位科学家经过长达数年的研究后发出警告：一颗名叫2004MN4的小行星可能于2035年撞击地球，将生命从这颗行星上彻底消灭。多年以来，许多天文学家一直将2004MN4看作地球的最大威胁，最初的预言是：这颗直径400米左右的小行星将于2029年左右撞上地球。不过，科学家很快就推翻了这一结论，2029年4月13日，一个黑色星期五，这颗小行星只会从地球附近擦肩而过。但是，经过仔细的研究计算，这颗小行星飞过地球后轨道会发生略微改变，这种改变会让它在6年后，也就是2035年以毁灭性的速度撞上地球。

如果这成为事实，小行星的撞击不仅会引起爆炸、地震，还会引起200~400米高的海啸，按照目前情况来看，很少有地球的生命能在这样的灾难中幸存。

但这个仅仅是一个小行星而已，如果多个小行星同时撞向地球，我们该怎么办？

甚至有人预言，小行星撞击地球的时间为2012年。已有人在网上发出末世警告，更有网站预计"这是耶稣再来的时刻"。

让我们来想象一下，某一天，天空中一个微小的亮点吸引了我们的注意力，它像极了一个凝聚所有光芒的小太阳。在我们还在思考这位不速之客从何处而来时，它正以每秒几万米的速度迎面而来，天空变得越来越黑，烟尘的味道越来越大，巨大的爆炸声响可能会让我们吓得四处逃跑。然而，极快的速度和摩擦产生巨大的热量，周围空气的温度会迅速升高到20000摄氏度。在你还没有来得及逃跑之前，热浪已经把你化为蒸汽。一瞬间，地球的表面变成了一个火焰的喷泉，即便你侥幸逃过了撞击，呼吸这些充满着岩石碎末的空气，最终也会让你窒息。蓝色的海洋逐渐被火焰吞噬，天空由蓝色变成炽红色，成千上万座冰山瞬间融化，强烈地震一波接着一波袭来，洪水、海啸卷着岩浆奔腾而来。到处都是炙热的火焰，蓝色的星球将变成一团火红的火球。撞击出的碎块又被反弹回高空，有的甚至会跑向月球，之后受到地球引力的吸引而落下，变成灿烂的满天流星。人类哪里还会有幸运可言。

事实上，每隔5千万年，地球就会迎来一场毁灭性的灾难。上一次灾难发生在6500万年前。

然而，我们面对的还不仅仅是小行星的问题，一名天文学家指出，在未来150万年内，一颗临近太阳系的恒星很可能撞进太阳系外围的凝结奥尔特云带。撞击将导致一些彗星的产生，并朝地球冲撞而来。而已经经过科学家证实，在未来的45亿年以后，地球将不可避免地遭受到仙女座星系的撞击。

一颗小行星就能终结恐龙霸占地球的时代，一块小碎片就能造成巨大的生态灾难，那么多预言和科学依据，直指未来行星撞上地球的可怕景象，似乎苍穹中那一颗颗闪耀的星星决定着我们整个人类的未来。每年，有数万亿颗小行星会脱离轨道，没有人能解释这是为什么。那么，小行星毁灭地球的危险真的存在吗？我们又会不会步恐龙的后尘？一切不得而知。

第二部分 全球过去、现在、未来的大灾难

科学与人物

第一颗小行星是皮亚齐于1801年在西西里岛上发现的,他给这颗星起名为谷神·费迪南星。后来学者们把这颗小行星正式命名为小行星1号谷神星。

此后发现的小行星都是按这个传统,以罗马或希腊的神来命名的,比如智神星、灶神星、义神星等等。随着越来越多的小行星被发现,最后古典神的名字都用光了。因此,后来的小行星以发现者的夫人的名字、历史人物或其他人物、城市、童话人物名字或其它神话里的神来命名。比如小行星719阿尔伯特,是按阿尔伯特·爱因斯坦命名的,小行星1802按张衡命名的,小行星1888按祖冲之命名的,等等。截至2005年11月16日,据统计人类已计算出轨道的小行星共305,224颗,以中国人命名的有150多颗。

5.太阳风暴袭击地球

太阳会在太阳黑子活动的高峰时产生太阳风暴,它是由美国"水手2号"探测器于1962年发现的,它是太阳因能量的增加而使得自身活动加强,从而向广袤的空间释放出大量带电粒子所形成的高速粒子流。由于太阳风中的气团主要内容是带电等离子体,并以每小时150万到300万公里的速度闯入太空,因此,它会对地球的空间环境产生巨大的冲击。太阳风暴爆发时,将影响通讯、威胁卫星、破坏臭氧层,对人体的健康也会造成一定影响。

科学家们把太阳风暴比喻为太阳打"喷嚏",太阳的活动对地球至关重要,因而太阳一打"喷嚏",地球往往会发"高烧"。

2010年7月底,全世界的天文学家目睹了某个太阳黑子上升起了巨大的耀斑,而这与太阳表面一个更大爆发有关。这种爆发被称为日冕物质抛射,直接瞄向地球。这将引起一场在9300万英里的空间呼啸的"太阳风暴"。此次爆发直接对着我们。在相当长一段时间里,这还是首次朝向地球的大型喷发。英国太阳能专家说,这是非常稀有的事件,不是一个,而是两个几乎同时向着地球的爆发。这些爆发产生时,太阳大气中巨大的磁场结构将失去稳定,不再受到太阳巨大引力的吸引。正像一个连续的喷泉被突然释放到太空中。

果不其然,2010年8月3日和7日,太阳风暴两次击中地球,造成众多无线电通信被破坏、卫星不能正常工作。所幸的是,这次的风暴并没有人们想象中那么强烈,并没有给地球人的生活及生命安全带来非常严重的影响。通过科学家的预测,我们一天前就知道它要来了,甚至有时间专程去捕捉那些带电粒子穿过大气层时产生的美丽极光。然而,人类不可能每次都这么幸运。

太阳每隔11年就会迎来一个爆发活动频繁期,类太阳恒星也有周期性活跃现象。此外,生命现象出现于太阳系的时间与太阳的寿命相比,可以认为是非常短暂的。而生命现象中演化出人类则可以认为是瞬间。也许太阳爆发活动是催生人类的重要自然因素之一,也不排除成为人类消亡的因素之一。原因是目前的太阳爆发活动强度还不至于冲破地球大气和磁场的保护,对地球上的现存物种构成致命威胁。但这并不意味着太阳爆发活动总是像现在这样"温和"。一旦太阳爆发能量超过地球磁场和大气的防护能力,必然引起地球附近空间环境发生强烈变化,这就要淘汰一些不适应这种变化的物种,催生能够适应这种变化的物种。因而在太阳和太阳系演化尺度上看,太阳风暴常有,而人类却不常有。

坏消息是,美国宇航局在几年前就做出警示:2013年,太阳将从沉睡中苏醒,地球将遭遇百年不遇的超级太阳风暴。届时将发生大规模日冕喷发现象,巨大的焰威力将相当于100枚氢弹爆炸,瞬间撞击地球磁层。

上一次出现较强的太阳风暴是在2000年前后,按照11年一个周期的理论来说,下一次就应该是2012年。这与玛雅人预言的"世界末日"不谋而合。但实际上,最近一次"活动极小期"和以往有所区别,因为太阳似乎在启动新一轮的活动周期上出现了麻烦。太阳从2007年末开始平静下来。2008年表现得比预测中更为平静。这一年,太阳在73%的时间内没有黑子,这即使对于"活动极小期"来说也是非常低的低点。2009年,几乎一整年,太阳都没有太大的动静,直到12月中旬,一组最大的可持续数年的太阳黑子出现了。进入2010年,天文学家发现4月份以来太阳活动明显增加,再次爆发并且释放出大量粒子,形成的太阳耀斑一度接近太阳直径的四分之一,但此次太阳粒子的喷发方向并未朝向地球。科学家相信,这预示着太阳正进入一个新的活跃周期,而下一个太阳活动极大年,则比以往预估的要晚上大约一年,即2013年。这也是为什么美国美国宇航局的科学家、政府决策者和研究员6月份在华盛顿召开的太空天气方高峰论坛上罕见发出警告的原因。

美国宇航局的天文学家们认为,火星上曾经是大片大片的海洋,这些海洋完全能够孕育生命。然而,这些海洋由于不明原因在35亿年前已消失了,由于火星只有个别地区有微弱的自我防护能力,这也许就是火星表面海洋消失的一个可能的原因。

虽然地球的自我防护能力大于火星,但是,当更为强大的超级风暴来袭时,那些看似强大的"自我保护"将变得异常脆弱。

曾经发生过的危险还历历在目:

1859年的太阳风暴留给人们最深刻的印象便是那令人炫目的极光。连地处热带的牙买加、古巴、夏威夷和萨尔瓦多的人们,都破天荒地看到了极光。在纽约,数千人聚集在路边或屋顶上观看"被绚丽的帏帐装扮过的天空",洛杉矶的野营者惊讶地发现,深夜的天空居然变得一片明亮,这些极光如此明亮,以至于人们在午夜时分不用点灯都能阅读报纸,而在地球另一端的中国,这场发生在清朝咸丰年间的异象也被记录在了河北省巨鹿市的《获鹿县志》里。

但风暴带来的绝不仅仅是风景,与太阳风暴伴随而来的磁暴现象干扰了全球的电报网络系统。美国《费城晚报》的记者报道说,大量的电报办公室从电报机器中接收到了令人惊讶的无法读懂的信息。强烈的地磁效应使得刚刚形成的电报网络陷入瘫痪，甚至出现了电报员触电、电报纸自燃的情况，甚至连电线也被熔化了。

如果说1859年那次太阳风暴还仅仅是一次"小麻烦"的话，1989年再次袭来的太阳风暴就称得上是一次灾难了。加拿大魁北克一处电力系统受到磁暴的干扰，引发设备故障，造成魁北克供电系统瘫痪，全省停电9个小时。强磁暴同时还烧毁了美国新泽西州的一座核电站的巨型变电器，以及大量输电线路、变压器、静止补偿器等电网设备跳闸或损坏。人们同时发现，太空中也同样损失惨重，多颗卫星的功能出现了异常。

而在2003年那场被叫作"万圣节风暴"的太阳风暴中，两颗绕地卫星和一艘火星轨道飞行器宣告报废，至少5颗卫星的轨道发生变化，寿命严重缩短。

过去的种种经验让我们对近在眼前的超级太阳风暴的侵袭忧心忡忡。

如果2013年超级太阳风暴袭击的噩梦成真的话，在太空里，太阳风暴所含的高能X射线、伽马射线以及带电粒子构成的巨大脉冲还有可能摧毁所有围绕地球运转的人造天体，包括全球定位系统（GPS）以及人造通信卫星、载人航天器与国际空间站。

另外，地球上的远距离输电线构成了巨大的天线，它们在太阳风暴中会形成电流冲击变电站，不但电力无法供给，臭氧层被破坏，电子通讯还可能全部停摆，比如医院、银行还有机场根本无法运作，更别说个人用的手机、电脑和卫星定位系统。它导致的经济损失可能达到1万亿到2万亿美元，预计将是卡特里娜飓风的20倍。

科学家告诉我们，社会文明程度越高，太阳风暴对我们的影响就越大。

将在2013年袭击我们的那场超级太阳风暴，将会使地球上的许多地方都看到以前只有在南北极才能看到的明亮极光。紧随其后，无数城市、乡村的灯光都将熄灭，1小时之内，几乎全球的电网都将被超级太阳风暴

第二部分 全球过去、现在、未来的大灾难

摧毁。接着,所有手机网络瘫痪,互联网也将崩溃。没有任何信号的电视机也将形同废物,而收音机将只能听到一连串的静电噪音。

"多米诺骨牌"式的毁灭式影响将会慢慢显现,饮用水和下水道系统会在几小时内崩溃,通信系统、交通系统和燃料供应系统也将面临瓦解的危险。因为"超级太阳风暴"抵达地球后,额外电流将穿过地球上的电网,地球上成千上万个将高压电流转变为家用电流的变压器上的铜线都将快速加热并熔化,从而导致地球上多数电网陷入瘫痪状态。一周之内,当储备电能也用光后,人类将丧失所有电能。汽车也将无法行驶,所有飞机都将停飞,全球通讯系统包括互联网都将陷入瘫痪。人类将陷入没有电话、没有药品、没有制造业、没有食物的严重困境,人类将重回"黑暗时代"。

专家警告称,在这场"超级太阳风暴"发生一年后,欧洲大部分国家和美国都将陷入有史以来最严重的经济灾难中。到2014年末,至少10万欧洲人都将活活饿死,而那些生病的人可能没有药物治疗。同时,世界上的大多数国家都将在这场灾难中苦苦挣扎。科学家警告称,"超级太阳风暴"有可能让美国从发达国家变成发展中国家,使整个人类的经济生活将发生历史性的大倒退。"超级太阳风暴"对地球的影响甚至可能超过一场核战争造成的影响。

更可怕的是,"超级太阳风暴"的强度还会冲破地球大气和磁场的保护,对地球现存物种构成致命威胁。然而,人类并未就应对下一轮的"超级太阳风暴"做好足够充分的准备。有科学家表示,全社会根本没将其可怕性考虑在内,而只是关心眼前的事物。对地球上的天气来说,气象专家可以连续数日跟踪某一风暴,并据此向当地居民发出足够的警示,而太阳风暴或太空气候却完全不同。我们目前还无法提前准确地预测太阳风暴的时间和强度,我们所能预知的,只是一旦大型太阳风暴袭来,我们根本无力应对。

科学与人物

19世纪,英国有一位叫查理·卡林顿的天文爱好者,他在伦敦附近造了一幢房子,里面建有一间天文观测室。他就在这间自己的天文观测室里日复一日地观测太阳,描绘着太阳表面的黑子。他把太阳的像投影在一块屏幕上,小心翼翼地把所看到的情况描绘下来。

卡林顿决心通过观测太阳黑子,确定出准确的太阳自转周期。他终于发现,太阳黑子沿日面移动一周的时间因纬度不同而各不相同。在太阳赤道上,黑子大约只要25天便在日面上转一周,而在日面纬度45度处的黑子则需要27天半才在日面上转一周。卡林顿的发现,彻底否定了当时有的天文学家提出的太阳是个固体球的理论,说明了太阳是个气体球。

卡林顿通过自己的观测,追踪太阳黑子在整个为期11年的活动周期里的变化,看着它们变得越来越多而进入极大期,然后又逐渐消失而进入极小期。在此过程中,他发现,随着这一活动的周期变化,不但黑子的数量发生变化,而且分布的位置会向太阳的赤道移动。每当一个太阳活动周期开始时,最先出现的黑子总是在离赤道较远处,平均纬度为35度;然后黑子出现的位置渐渐靠近太阳赤道,在纬度10度到25度之间频繁出现;最后,当这个活动周期临近结束时,所有的黑子都集中到南、北纬约5度处。

1859年9月1日早晨,卡林顿观测太阳黑子时,发现太阳北侧的一个大黑子群内突然出现了两道极其明亮的白光,在一大群黑子附近正在形成一对明亮的月牙形的东西。他从来没有看到过像这样的东西。他很兴奋,冲出观测室,想找个人来证明他的发现。可是,楼里空无一人,而当他急忙回到望远镜旁时,吃惊地发觉刚才所看到的东西已经消失。

卡林顿向英国皇家天文学会报告:"我看到这次爆发非常迅速地增强。当时,我因为感到吃惊而有点慌乱,急忙跑出去想叫一个人为我的这一发现见证。过了不到60秒钟我又跑回来了,却发现原先看到的爆发

第二部分 全球过去、现在、未来的大灾难

现象已经大为改观,变得很微弱了。此后,仅过了很短的一段时间,最后的痕迹也消失了。"

幸好,另一位英国天文学家霍奇森也看到了这次太阳爆发,并向英国皇家天文学会报告了他的观测结果。48小时后"超级太阳风暴"就袭击了地球。人们把发现的荣誉给了卡林顿,称这次事件为"卡林顿事件"。

6.全球变暖引发物种大灭绝

我们的地球是整个黑暗宇宙的一个蓝色奇迹,谁也不知道是什么原因构成了这个截然不同的世界。在这里,生命经历了数百万年的风雨洗礼形成了相互依赖而又不断变化的生命形式。地球为生命的诞生提供了机会,随着自然环境的变化,众多生物原型开始产生并逐渐形成了自己的生态环境,每片陆地,每片海洋空间都可能是生物的居所。地球的日趋成熟促进了物种的变化,地球的每一个角落都依稀可见生命的痕迹,而伴随着这些生命的心跳,地球开始显现出欣欣向荣的景象。

从生命出现到现在,99%的物种都在地球的骤变中,随风而去。我们没有人见过鱼龙,以后也不可能再见到,我们的祖先曾和袋狼共同生活在地球上,但遗憾的是我们和我们的子孙后代都无法再看到他们的身影。还有曾是非洲大陆上的奇特鸟类渡渡鸟、曾经的南极霸主南极狼、有着一半驴子一半斑马形态的斑驴、曾经世界上最凶猛的熊堪查加棕熊、曾被英女王誉为澳大利亚最漂亮的动物白袋鼠、在长江中生存了2500万年的白豚、旅行鸽、中国豚鹿、恐龙、巨型海雀以及其他种种稀奇古怪的生命也消失在地球的发展史中。

物种灭绝是生命如影随形的魔咒,在某些特殊时期,物种大规模走向死亡,我们称之为物种灭绝时代。最新的动物化石显示,在大约8亿年前,物种曾出现过多达12次的灭绝威胁,这其中,有5次的规模令人震惊。

75

在这些大规模的物种灭绝时代中,数百万个物种化为乌有。而这中间,有3次都发生于地球高温期,包括史上最大的物种灭绝事件和著名的恐龙灭绝时期。

第一次物种灭绝发生在4亿4千万年前的奥陶纪末期,由于冈瓦那大陆向南漂移形成了冰河时代,造成物种大灭绝。在这一时期,大约有85%的物种彻底消失了。

第二次物种灭绝发生在3亿6千万年前的泥盆纪后期,海洋生物遭到重创。

第三次物种灭绝发生在距今约2亿5千万年前的二叠纪末期,是地球史上最大最严重的一次。据估计,在这次大灭绝中,有96%的物种灭绝,其中90%的海洋生物和70%的陆地脊椎动物灭绝,地球遭遇了最严重的打击,地球上的生物几乎消失殆尽。

第四次物种灭绝发生在距今1亿8千万年前,80%的爬行动物灭绝。

第五次物种灭绝发生在6500万年前的白垩纪,也是最为现代人所熟知的一次,统治地球长达1亿4千万年之久的恐龙正是在这一次物种灭绝中消失。地球气温的升高,正是导致这次物种灭绝的最早因素。

令人感到恐惧的是,第六次物种大灭绝,就在我们身边,就是我们生活着的今时今日。数以万计的动、植物将不复存在。新的物种灭绝正在以不同寻常的破坏力侵袭着我们赖以生存的地球。而人类,绝不会是这次物种灭绝的普通旁观者,我们的行为正把自己引向一条不归之路。

早在几年前,联合国《生物多样性公约》执行秘书朱格拉夫就曾发出严重警告:人类正处在自恐龙灭绝后的第六次物种大灭绝的危急关头,而且一切证据都表明,这一悲剧的导演者正是人类自身。

人类活动对地球的影响足以成立一个新的地质时代。而人类活动的一个明显地质讯号,就是大气中二氧化碳的含量上升。在过去几百万年间的冰河时期及间冰期循环,二氧化碳的含量在约180~280ppm之间变化。仅仅在过去的一年,人为的二氧化碳排放量则由280ppm增至383ppm。而二氧化碳含量增长的原因是化石燃料的燃烧,如煤、原油及

第二部分 全球过去、现在、未来的大灾难

天然气、人类污染地球、人口增长、都市化、旅游、开矿和使用矿物燃料等,都已经不可逆转地改变了地球生态多样性和地质结构,令地球出现前所未见的巨大改变,使现处于全新纪的地球,进入新的地质时代——"人类世"。

这对于我们来说并不是一个值得骄傲的称号。当生命内部开始自相残杀,当强悍的生命开始以其他生物为食的时候,地球就变成了捕猎的世界,人类掌握着对动物的生杀大权,人类就是地球上这最可怕的猎人。人类成为了第六次物种大灭绝的始作俑者。物种正以闻所未闻的高速走向灭绝。

由于全球气温升高,这第六次的物种灭绝速度比起前几次来说,达到了前所未有的水平。毫无疑问,生命是需要时间来适应环境变化的,这一过程必将需要十分漫长的时间,但人类显然并不打算给地球上的物种以喘息适应的机会。有科学家预测,如果按现在每小时3个物种灭绝的速度,40多年后,地球上四分之一到一半的物种将会灭绝或濒临灭绝,而即便只到2020年,也会有1/8的物种从此消失。根据计算机模拟,这一速度比生物自然灭绝的速度快1000倍,比新物种出现的速度还要快上100万倍。以数百万年的灭亡速度来衡量,这一速度令人惊异。

世界自然保护联盟在对全球47677种动物和植物展开调查后发布的《受威胁物种红色名录》表明,目前,世界上还有1/4的哺乳动物、1200多种鸟类以及3万多种植物面临灭绝的危险。入围红色名录的5490种哺乳动物中,79%"濒临灭绝或野外灭绝"、188种"有严重灭绝危险"、449种"有灭绝危险"、505种"易受灭绝威胁";进入红色名录的爬行动物达1677种,较去年增加293种。其中469种"有灭绝危险"、22种"濒临灭绝或野外灭绝";上榜红色名录的植物种类最多,达12151种。其中8500种"有灭绝危险",114种"濒临灭绝或野外灭绝"。

而如果不是气候变暖,在过去的2亿年中,平均大约每100年才有90种脊椎动物灭绝,平均每27年有一种高等植物灭绝。正是因为人类的干扰,使鸟类和哺乳类动物灭绝的速度提高了100倍到1000倍。

毋庸置疑,全世界正面临着自6500万年前恐龙从地球上消失以来最严重的动植物物种大灭绝,人们喜爱的那些农田鸟类、野花和蝴蝶将在25年内从农村消失。研究人员已经列出了10种最有可能被逼上绝境的物种名录,包括5种农田鸟类和2种野生花卉——灰山鹑、普通鹌鹑、石鸻、树麻雀、黄道眉鹀以及原生罂粟、金盏菊。另外还有棕纹蝶、熊蜂和巢鼠。这些物种一度遍布在农田和篱笆周围。

由于世界各地植物物种的灭绝,造成自然栖息地生产力下降,并进一步加剧了植物种类的减少,植物生物量的生产水平下降了50%以上。科学家研究,植物生长并产生更多植物生物量的过程是地球最根本的生物过程之一。植物生产具有调节大自然的能力,可从大气中吸收二氧化碳等温室气体,而自然栖息地可生产氧气、食物、纤维和生物燃料等。因此,物种的灭绝可能会损害大自然提供给人类社会的利益。

就在近期,丹麦一个纪录片制作小组出版了一本书,名叫《100个即将消失的地方》,书中讲述了我们正面临着全球变暖造成的威胁,一百个人类的美丽家园正在一步步走向消失,这其中就包括:伦敦、威尼斯、埃及、哥本哈根、纽约、曼谷、日本、上海、马尔代夫、奥林匹亚、洪都拉斯、爱尔兰、芬兰、芝加哥、苏丹、约旦、澳大利亚、巴黎、白令海、爱琴海……这些地方的逐渐消失,也将使他们特有物种,遭受到毁灭性的打击,像库伊岛特有的旋蜜雀、爱斯基摩人戏称为"大胡子"的麝牛、濒临灭绝的婆罗洲矮象,这些我们熟悉或不熟悉的物种都将随着环境的变化而再也不见。

另外,《101个即将消失的地方》一书中特别提及10个即将消失的地方:

一、非洲最高的火山坦桑尼亚的吉力马扎罗山。预期在2020年将完全消失。二、荷兰的第二大城鹿特丹,九百年来一直仰赖堤坝的保护,随着气候暖化,海平面升高速率增加,大坝已经岌岌可危。三、斯里兰卡的努瓦纳艾利区。气候暖化,年均温逐渐升高,干旱期拉长,高强度暴雨会加速山坡地土壤的侵蚀。四、挪威的苔原。北极圈地区的气温日渐升高,

第二部分 全球过去、现在、未来的大灾难

正在大幅度改变地貌景观。五、印度西部的古吉拉特邦。六、日本首都东京。"热岛效应"伴随全球暖化，日益严重。百年前炎热夏夜每年只有5晚，如今超过40晚。七、北极气温正迅速升高，夏季冰层覆盖区域逐渐缩小，推测不到20年夏季将全面无冰，海平面加速上升，环境的灾变将提前到来。八、美国密西西比河三角洲。快速上升的海平面使新奥尔良的命运蒙上巨大阴影。九、希腊奥林匹亚遗址。十、格陵兰的萨肯贝格区域。

全球气温升高迫使大部分陆地物种向两极和高山地区迁徙，但许多动、植物无法实现这一点。平均有26%的物种将因为气温升高，无法寻找到适宜的栖息地而灭绝。而大部分物种的栖息地也将越来越少。科学家们还列出了一些即将从我们星球上消失的物种名称：马达加斯加特有的一种仓鼠，仅存于坦桑尼亚基汉希瀑布的喷雾蟾蜍，加拿大的荒地盘羊，哥斯达黎加的小丑箭毒蛙，墨西哥的囊鼠，欧洲的灰喜鹊，西非大猩猩，亚洲鳄鱼，生活在东北非洲的斯氏瞪羚，来自北极冻原带的红胸黑雁，埃及白兀鹫……

还有一些奇特的濒临灭绝物种：身上不长毛发且半水栖生活的无毛猿；体型最大只有1英寸，可以栖息在拇指尖上的大黄蜂蝙蝠；经常出现在动画片中的琵琶鱼；主要生活在美国沙漠地区的跳跃同性蜥蜴；不会飞行的新西兰鸟类鹬鸵；可以长达十年不吃食物的洞螈；牙齿中释放毒液的沟齿鼠；脸部可以"充气"的

琵琶鱼

海豹；常年生活在地下的紫色青蛙；尾巴可以储存脂肪的"小山猴"……

海洋孕育着地球上的生命，然而科学家证明，现在的海洋已经掀起了一股"海洋物种灭绝浪潮"。几十名生物学家认为，海洋已经到达一个

转折点,几十种在海洋生活的鱼类、鸟类和哺乳动物已经接近灭绝。在过去的300年里,研究人员记载了21种海洋物种在全球范围内灭绝——自1972年以来就有16种。18世纪以来,另有112个物种在某些区域里消失,而这种趋势自从60年代以来也在加速。据世界自然保护联盟称,20多个鲨鱼物种已经快要灭绝了。

北极是全球变暖最敏感的地带。由于全球变暖,北极的冰川正在逐步消融,到2020年,北极冰盖很可能在夏季就不复较完整地存在了。据科学家估计,北极圈内的17种野生动物正濒临灭绝的危险。北冰洋夏季海冰面积的日益缩小对许多依赖海冰生存的生物种类带来了毁灭性的影响。由于海冰的消失,海象失去了休息场所,不得不大批拥上海岸。这导致数万头海象同时挤在一起,不少海象特别是一些幼崽因相互拥挤和踩踏而死亡。除此之外,由于海冰融化时间的提前,迫使环斑海豹和竖琴海豹的幼崽在其能够独立生活前就不得不面临与父母离散的困境。在陆地上,由于冬季异常的气候原因,难以确保足够食物的麝牛等食草动物的个体数量在减少;北极狐的身姿开始从冻土带的南端消失,旅鼠的数量也在减少,而以旅鼠为食物的赤狐的生存区域因此也被迫开始向北迁移。北极地区目前还生存着25000头北极熊。世界自然基金会说,如果目前海冰融化的趋势继续下去,世界上三分之二的北极熊将在本世纪中叶完全消失。

专家警示我们:生物多样性是健康生态系统的重要指标。目前生物灭绝的速率过快,将摧毁地球生命支持系统与自己存在的基础。目前,我们还不能确定究竟要损失多少物种,而且,人类也不可能利用科技的手段来恢复生物的多样性。

在全球爆发生物绝种危机后,到近在咫尺的2050年,地球上一半的物种或将消失。而生命专家研究后发现,每次灭绝都造成地球上多半数的物种消失,而经历灭绝危机后的地球则需要经过1000万年才能恢复元气。一种生物灭绝将导致10至30种其他生物消失,正如倒下去的"多米诺骨牌"。当"多米诺骨牌"开始一个倒向一个时,你是否想过,脆弱的人类

第二部分 全球过去、现在、未来的大灾难

可是处于最先倒下的骨牌之一,地球上的生命不会完全消失,但我们人类是否能躲过这场灾难?是否也会像数百万个物种一样,最后只变成地球失落的回忆?

科学与人物

什么是热岛效应?热岛是由于人们改变城市地表而引起小气候变化的综合现象,是城市气候最明显的特征之一。由于城市化的速度加快,城市建筑群密集、柏油路和水泥路面比郊区的土壤、植被具有更大的热容量和吸热率,使得城市地区储存了较多的热量,并向四周和大气中大量辐射,造成了同一时间城区气温普遍高于周围的郊区气温,高温的城区处于低温的郊区包围之中,如同汪洋大海中的岛屿,人们把这种现象称之为城市热岛效应。

据《新科学家》杂志报道,科学家预测,如果人类不立即采取行动,减少温室气体排放,那么,到本世纪末,地球表面的温度将会上升4℃。届时,地球上的大部分陆地将变成沙漠,还有一些土地会被上升的海平面淹没,大多数动物将从地球上消失,只有约10亿人能幸存下来,并艰难地生活在加拿大、西伯利亚、格林兰岛、南极洲等冰雪融化的地带。

林璎(Maya Ying Lin),美籍华裔建筑大师,林徽因的侄女。美国总统奥巴马在白宫为她颁发2009年度美国国家艺术奖章,这是美国官方给予艺术家的最高荣誉。

"什么在消逝"是林璎第5座、也是最后一座纪念碑,纪念碑的主题是关于物种灭绝。这不是一座建筑物,而是一个呼吁保护濒危生物及其生存环境的大型多媒体互动装置,在全球不同地区,经由不同媒介,运用声音、影像、雕塑等各种创作手段共同实现。

目前,林璎已经创建"什么在消逝"基金会。"这个项目会持续至少10年,某种程度上,它会贯穿我的一生。"

作为地球居民,我有责任提醒大家:如果政府和社会现在再不采取切实的行动来废弃核武器和阻止气候的进一步恶化,将会出现我们能够预见到的极大危险。……尽管来自气候的威胁目前还不会马上像核武器那么可怕,但从长期来看,我们正面临着它的严重威胁。

——著名科学家 斯蒂芬·霍金

有确凿、全面、一致的客观证据表明,人类正在改变气候,因而威胁着我们的社会和我们赖以生存的生态系统。

——包括11位诺贝尔奖得主在内的255名美国国家科学院院士的公开信

7.外星人来袭? 宇宙中的神秘力量

地球之外是否存在着外星生命体?它们存在于什么区域?在什么时期存在着?他们又是否会对人类造成威胁?这都是科学家们多年以来迫切想要知道的答案,也许在宇宙的另一端还存在高智慧生命形式。英国科学家开展的一项最新研究显示,人类在银河系中可能并不孤独。参与该项研究的专家指出,散布在银河系中的高等文明数量可能高达40000个。

不少科学家坚持认为,浩瀚的宇宙一定会有地外生命的存在,而且,他们也曾不止一次地向地球传达信号,甚至光临地球。

有的科学家认为,银河系中心部分的恒星比太阳古老10亿年,这意味着那里更有可能存在高等智慧生命。这将比SETI的天线对准银河系边缘更年轻,恒星也更稀疏的区域要好得多了。当然SETI目前的做法是值得延续下去的,但是,我们的常识或许才是解答这些问题的答案。

第二部分 全球过去、现在、未来的大灾难

SETI是"寻找外星智慧生命"的英文缩写,是一个位于美国加州蒙特韦尤的民间科研机构,旨在寻找宇宙中存在的智慧生命。在此间召开的SETI大会上,希斯·肖斯塔克说,"事实上,我认为我们发现外星人的机会还是很大的","今天在演讲厅中的年轻听众们,我认为你们将有很大的机会目睹这一天的到来。"即便我们采用最保守估算值,我们也应当很快就要遭遇某一个外星文明社会发出的信号了,肖斯塔克说。"这一数值估算范围——从100万到1万,是由SETI的专业天文学家给出的,他们深知这些数字的意义。如果他们的估算正确,那么这就意味着我们将在接下来的十几或二十多年内遭遇外星人。"这是迄今为止最乐观的估算。

有些天文学家认为,外星文明世界在几百年前就已向地球传送信息,但地球的无线电望远镜在50年前才发明,而且所对方向也不对。

2010年一位夜间值班员在土耳其的一个院子里拍下了一段"飞碟"视频,这次拍摄的UFO非常清晰,这一令人震惊的视频据称是"有史以来最重要的UFO影像",里面甚至还有外星人的模样。这一段UFO画面又引发了全球关于地外文明的话题。英国首席太空专家表示,人类在过去几十年,技术有了跨越式的进步,能到月球和太阳系内的一些行星上访问,开发火箭技术和原子武器,也许这些变化和人类的发展史引起了外星人的好奇,而他们的技术更加先进,可以做星际旅行。也许是我们的变化引起了外星人的关注和兴趣,他们的来访"可能只是在研究我们"。

目前,俄罗斯和美国两国的科学家们正在研究一种来自外太空的神秘无线电讯号。科学家表示,这是一个惊人突破,我们的电脑已成功地将这个无线电讯号最主要的部分翻译了出来,大意是:请指示我们到第4宇宙,发生爆炸。我们处境十分危险。我们的位置在12银河系。科学家们估计到这是一艘古代飞船,或是一个星球,他似乎正在寻找某些指引,以便帮他们脱离险境。这件事确实令人震惊。经过努力,我们已经初步计算出那条信息至少是5万年前发出的,也有可能更久。

科学家们设想,假如外星人存在,那么,外星人居住的星球应该比我们的地球年长,其社会发展水平也许会远远高于人类,他们能够制造出类似感染有机体的病毒,那样能够进行自我繁殖和复制的机器。甚至,外星人很可能不只是长得不像人,它也许根本就不是一种生物形态的生命,而是人工智能体。外星人如果依照我们现在的理解方式来进化,恐怕需要很长的时间,不过很有可能它们早已凌驾了生物的框架,进入了更高的科技阶段,外星人说不定是一种会思考的机器,如果这个假设是正确的,解读会思考的机器所发出的信息,会比解读生物体信息更困难。

麦田怪圈是出现在全球范围内的一种奇特现象,多数怪圈出现于英国境内,主要表现为小麦、黑麦、谷物的田地里呈现奇特而美丽的巨型几何图案,而且这些庞大的图案均是在一晚上形成的。这些奇特的怪圈引起了人们的关注,麦田怪圈已形成近4个世纪,科学家猜测,这是UFO外星人所为。早期麦田怪圈呈现出简单的圆形图案,然而,现在出现的怪圈却越来越复杂。

麦田怪圈1

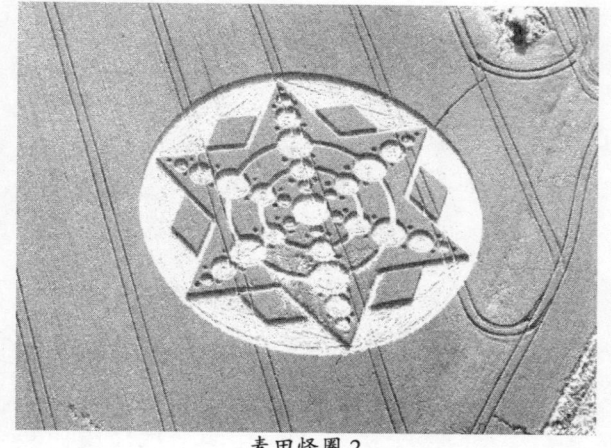

麦田怪圈2

1966年,澳大利亚昆士兰州有人目击了UFO事件,但该地点恰好存在着麦田怪圈,一位农夫称,他看一个飞碟状神秘飞行器距离地面

第二部分 全球过去、现在、未来的大灾难

30—40英尺,掠过一片沼泽地。当飞碟掠过水面时,水面上的芦苇呈顺时针方向倒下。最著名也是最大的麦田怪圈是一个类似于巨大水母型的美丽图案。

尽管有很多人站出来承认,麦田怪圈实际上是他们的恶作剧,但是,科学家经过研究表示,麦田怪圈的制作过程十分

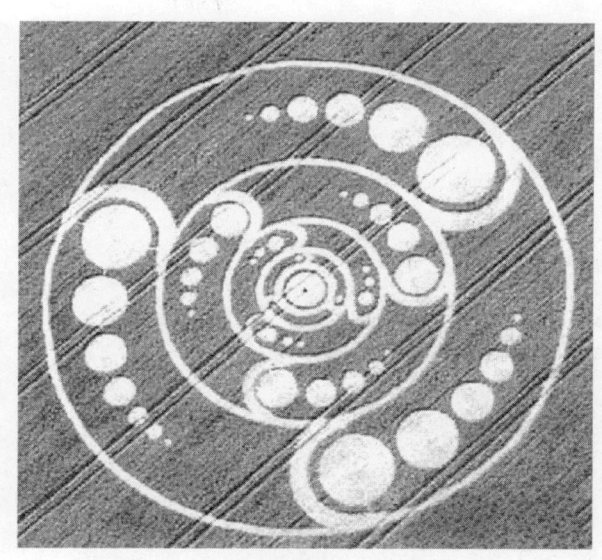

麦田怪圈3

的复杂,在怪圈中农作物呈现出三个特征:顶端茎叶进行了延伸;植物茎杆变得中空;土壤中出现10—50微米直径磁性范围。人类根本不可能制作出这样的麦田怪圈。

许多人认为,他们的智慧要远远高于我们,或许他们一直在某些地方监视着我们,有时候,他们会提出一些高于我们理解力的问题,制造一些麻烦,借此刺激人类的思维。麦田怪圈是外星人对我们的警告,暗示着人类应当珍惜和保护地球资源。也有人认为,麦田怪圈是生活在地球上的外星人对我们不断向外太空发送的信息和问题的回答,只是以我们目前的智慧来说,还无法理解。

日前,保加利亚科学家声称,外星人已抵达地球,并且他们已经与人类取得联系。科学家称,目前外星人就与我们生活在一起,并且他们时刻都在密切地关注着我们。他们对人类并没有敌意,并且希望帮助我们,然而我们的科学技术并不完善健全,未能直接与他们建立沟通关系。他们的观点认为,除了思想之间的沟通之外,人类与外星人并不能通过无线电波建立联系方式。预计在未来10—15年内,人类的科学技术提高将实现与外星人的直接联系。

外星人就生活在我们中间的预测更多的令我们感到不安,这种不安多是由于我们对他们的未知,而他们或许对我们已了如指掌。

墨西哥一个农场传出了一件让人震惊且难以置信的事情,当地一家农场的农民2007年5月曾用捕兽器捉到一个"外星人",农民由于害怕,将这个外星人活活淹死了。它不停地挣扎、扭动身体,还大声呼喊。农夫们尝试了3次,让其在水中待了数个小时才最终杀死它。但是直到去年,农夫才将这个"外星人"交出来。后来这个"外星人"的发现者意外死亡。而所有最初的知情者或死或散,全部消失,当地人对此一无所知。墨

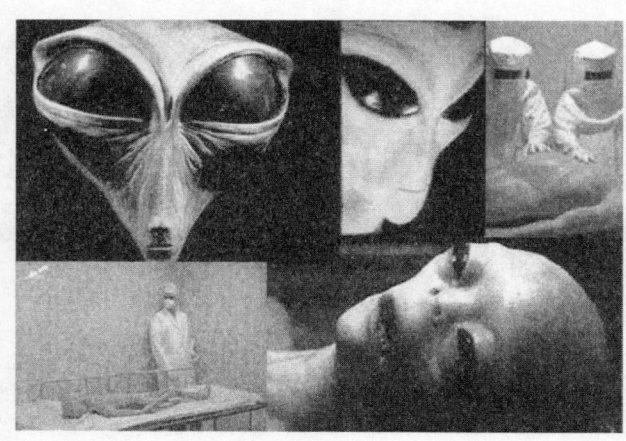

外星人

西哥当地的UFO专家与科学家对"外星人宝宝"展开调查,外星人宝宝的尸体标本不是人造的。它的身体构造与蜥蜴非常类似(比如,它的牙齿没有牙根,可以长时间在水下生存等),不过也展现出了人类的某些特性,比如它的肢体关节构造。它的脑子很大,特别是后半部分,对人类来说,就是主管学习和记忆的脑组织比较发达。由此,科学家得出结论,这种生物是非常聪明的。更令人吃惊的是,农夫们曾说,当时在农场里其实还有一个外星人,当它发现那个陷阱之后就逃跑了。

这是人类第一次如此近距离地接触到外星生命,但却不是他们第一次光临地球,也不是人类第一次与外星人接触。1991年7月11日,墨西哥发生全日食的当天,上千人把摄像机镜头对准天空时拍下了不明飞行物,接下来各地都出现了目击报道。美洲大陆地理环境多样,既有荒无人烟的沙漠、也有茂密的热带丛林、持续喷发的火山。加拿大、美国、墨西哥、秘鲁等地经常出现关于UFO或者外星人的传闻。甚至一个名为圣克莱门特的小镇因频繁接到UFO报告,当地旅游部门干脆开辟出一条30公

第二部分 全球过去、现在、未来的大灾难

里长的旅游区,在沿途设立餐馆、宿营地和旅馆,为前来"约会"外星人的旅客服务。

不少人还有过被外星人带走的经历,这些人的年龄不等,从2岁到60岁的都有,他们纷纷声称自己曾被外星人劫持。他们在神志完全清楚或被催眠的状态下叙述自己如何让外星人劫持,并被送到他们从未见识过的飞船上的经过。他们认为有时头脑变得模糊完全是外星人捣的鬼,这些外星人似乎会从外面断开地球人的意识。可他们还清楚记得好像在空中翱翔,飞着穿透墙壁,最后来到一个住所,在里面有人给他们动外科手术。例如,一名伐木工人声称,他在树林里被外星人劫持并在5天后在路边被人发现。在催眠状态下,一对夫妇回忆起一段可怕的经历,他们曾眼睁睁看着一些体型很小的灰色生物将女儿从摇篮中带走。还有一名农场上的妇女说,她曾被外星人挖出眼球。

有些科学家认为,除了一些神秘的UFO第三类接触事件外,一般说,外星人不愿意和地球人接触,而是躲躲闪闪,转眼即逝。这主要是由于外星人与地球之间科技水平的巨大差距,使两者之间必然存在着一条难以逾越的鸿沟。假如外星人比我们先进1万年,从宇宙进化的角度看,这是微不足道的。但是科学技术和伦理道德相差1万年的两种生命体又怎么可能联系和接触呢?科学家说,外星生命以我们无法想象的形式存在于其他地方。就像黑猩猩无法理解量子论一样,可能存在我们想象不到的现实。

就连著名的天体物理学家斯蒂芬·霍金警告我们:外星人几乎是肯定存在的,但我们人类不要努力去寻找外星人,应该

UFO

UFO

尽量避免与他们接触。否则，有可能给人类带来灾难。霍金相信，在地球以外，少数生命形式可能是智能化的，但他们对人类是一种威胁。与这些生命进行接触对人类来说结果将是灾难性的。他认为，外星人可能会袭击地球，掠夺地球上的资源，然后扬长而去。他说："我们看看自己就知道智能生命是如何发展到无法自给自足的地步了。我设想他们应该是坐着大型飞船来到我们星球，不过由于长途旅行，他们已经耗尽了起飞时所带的资源。他们可能已经成为流浪者，伺机征服并殖民他们能够抵达的任何星球。"他的结论是，设法与外星人接触"有点冒险"。他说："如果外星人来拜访我们，我认为其结果就和当年哥伦布到达美洲大陆差不多，美洲的土著居民深受其害。"

从目前的研究来看，外星人的智慧要远远高于我们人类。不少科学家和研究者担忧，如果地外文明是不友好的，那将会令我们感到无比的恐慌，这就好比，有一天我们收到了一个来自具有潜在敌意的邻居呼叫，我们敢有所回应吗？我们将时刻担心他们会袭击我们的地球，而人类却无法抵挡。

科学与人物

美国气象学家斯考特·斯蒂文斯日前指责美国国家航空航天局向公众隐瞒了许多由SOHO太阳轨道望远镜传回地球的资料，其中包括有可能是"外星生命"的信息。这成为不曾间断的对NASA质疑的又一个新鲜声音。

美国国家射电天文台和国家航空航天局从1960年开始进行微波监

第二部分 全球过去、现在、未来的大灾难

听宇宙文明的"奥兹玛计划"和"赛克洛普计划"。1972年3月和1973年4月,美国先后发射了先驱者10号、11号宇宙飞船,携带地球人给外星人的一封自荐信,当中镌刻着地球和太阳系在银河系的位置,地球上男人和女人的形象,以及表示宇宙间最丰富的物质氢的分子结构图,寄望外星人截获此信。

时至今日,NASA已经发展成为雇员人数约2万的大型机构,年度经费超过160亿美元。在其推进的众多高精尖项目中,"深空网络"是近期的一大热点。深空网络(Deep Space Network,DSN)是一个支持星际任务、无线电通信以及利用射电天文学观察探测太阳系和宇宙的国际天线网络,它是地球上最大也是最敏感的科学研究用途的通信系统。

现在的科学界比较认同的看法是,外星智慧生命一定存在,但人类寻找外星生命这三十年来,没有搜索到外星生命的证据。只是,有一次,美国某个天文台搜到了一段可能来自外星智慧生命的讯号,当时当班的科学家,收到了"WO~~"这样的感慨,并在日志上记录了"WO~~"这个词。后来,科学家们反复地对于同一区域反复搜索,但再也没有搜索到类似信号。这段奇怪的,来自遥远星球的信号,就被记录为"WO~~"信号,直到现在再也没有搜索到类似信号。

爱德华·迈尔出生于瑞士,后居德国,他自称与来自昴宿星系伊柔星的外星人西杰斯经常保持亲切接触,彼此之间进行交流,他们的话题非常广泛,天文、地球、宇宙、星系、伊柔星的生活习俗、科学技术等,并解答了关于星际旅行、光速飞行、超光速飞行等普通大众关心的问题。

而在《昴宿星人工作手册》一书中,也对即将来临的地球巨变作了预言:"在2012年之前,或者到2012年为止,地球将经历一场精神的和物质的大扫除,这就是通常所说的'地球巨变'。"

"这些变化已经开始,你们的太阳系正在进一步移入光子带——一种由银河中心发出的更高频率的宇宙发散。你们现在已进出于这条光子带的边缘有数年之久,到2000年,将完全进入光子带,并在将来的2000年中一直处于其中。

"洪水、地震、大陆板块移动、火山喷发、以及最终的两极变换,将会在2013年之前发生……"

8.粒子实验

自然界中物体之间的相互作用,可以划分为4种力:引力(重力)、电磁力、强相互作用、弱相互作用。在爱因斯坦相对论解决了重力问题后,人们开始尝试建立统一的模型,以期望解释通过后3种力相互作用的所有例子。

科学家们建立起被称为"标准模型"的粒子物理学理论,它把基本粒子分成3大类:夸克、轻子和玻色子,标准模型的缺陷,就是该模型无法解释物质质量的来源。为了弥补这一缺陷,英国物理学家希格斯提出了希格斯场的存在,并进而预言了希格斯玻色子的存在。假设出的希格斯玻色子是物质的质量之源,是电子和夸克等形成质量的基础。其他粒子在希格斯玻色子构成的场中,受其作用而产生惯性,最终才有了质量。因此,科学家又称希格斯玻色子为"上帝粒子"。

之后所有的粒子在除引力之外的另外3种力的框架中相互作用,统一于标准模型之下。标准模型预言了62种基本粒子的存在,这些粒子基本都已被实验所证实,而希格斯玻色子是最后一种未被证实的粒子。

为了寻找"上帝粒子",科学家们不断地做着努力。世界第二大的粒子加速器位于美国费米实验室,去年该实验室曾发布消息说发现了"上帝粒子",引起了全世界的关注。但很快,该消息被证明是一条假新闻。

世界上最大的粒子加速器就是众所周知的欧洲核子研究中心于1991年设计兴建的大型强子对撞机。该设备建于瑞士和法国边境地区地下一百米深处的环形隧道中,隧道全长二十六点六五九公里,耗资总计约一百亿美元,汇集了世界各地最著名的物理学家。对撞机开足马力后,

第二部分 全球过去、现在、未来的大灾难

能把数以百万计的粒子加速至将近每秒钟三十万公里,相当于光速的百分之九十九点九九。粒子流每秒可在隧道内运行一万一千二百四十五圈。科学家希望通过在对撞机内实现极高能

欧洲粒子对撞机

量的粒子对撞,模拟出类似宇宙大爆炸后一瞬的环境,有助研究构成宇宙大部分的"暗黑物质",更希望能发现到被喻为"上帝粒子"的希格斯玻色子。目前,科学家普遍把找寻发现希格斯玻色子的希望寄托在这台大型强子对撞机上。

经过两次失败的尝试后,2010年3月,在80位科学家的掌声中,超级强子撞击机内两束包含多达200亿粒质子的质子束流,以仅仅稍逊光速的速度,于100米深地下的27公里长人工隧道内相撞,产生高达7万亿电子伏特,打破了此中心去年创下的2.36万亿电子伏特纪录。

该中心的科学家们表示,在成功的粒子撞击后,他们还将于近日进行另一个实验项目,以制造迷你版的宇宙大爆炸。虽然对撞产生的小火球转瞬即逝,但其产生的温度会超过10万亿度,是太阳中心温度的100万倍。科学家们表示,这次对撞产生的温度是迄今为止的试验中最高的,这样的高温能使原子核里的物质融化,形成浓稠的夸子——胶子汤。

在此项实验开始前,很多科学家坚持认为,欧洲核子研究中心的科学家在各种灾难性后果中刻意贬低大型强子对撞机产生黑洞的可能性。他们认为实验产生的"黑洞"可以吞噬地球。或者,强子对撞机将产生一类名为"奇异微子"的粒子,将地球变成一团沉寂、收缩的"奇异物质"。

以前,由于被研究的物质如此之小,人类也许从不担心粒子会对人类形成什么威胁。但是最近,一些严肃的科学报告指出,粒子加速器实验

或相对论重离子碰撞实验,可能会产生一个微型黑洞,它将慢慢吞噬地球上的一切物质,包括地球。

在这之前,就有报纸报道了人类未来70年内可能发生的十大灾难,这其中,"黑洞"吞噬地球被列为十大灾难之首。报道称,全世界建造的粒子加速器将成为非常危险的武器,令人类生命安全遭到严重威胁。粒子加速器将金离子以接近光速对撞而制造出高密度物质。物理学家担忧该座加速器可产生类似黑洞的高密度物质,把实验室,甚至整个地球吞噬。也有人认为,粒子实验也许可能会打开通往另一个宇宙的虫洞,令外星人袭击地球,又或让未来人类时间旅行来到现在。

美国布朗大学的一位物理教授此前就通过实验在地球上制造出了一个人造黑洞,虽然这个黑洞体积很小,却具备真正黑洞的许多特点。据他介绍说,美国国家实验室里的相对重离子碰撞机,可以以接近光速的速度把大型原子的核子相互碰撞,产生相当于太阳表面温度3亿倍的热能。科学家在实验室里利用原子撞击原理制造出来的灼热火球,恰好具备天体黑洞的显著特性。比如:火球可以将周围10倍于自身质量的粒子吸收,这比目前所有量子物理学所推测的火球可吸收的粒子数目还要多。

麻烦也随之而来,科学家们随即担心,这个人造黑洞的吸收力如此之强,那么它是否会越来越大,而把整个实验室都吸进去?

事实上,对于粒子加速器的担心还远不止这一项。在人类制造的粒子加速器中,除了人造黑洞可能会吞噬地球以外,科学家们还发现存在着另外3种可能发生的危险性。第一种可能,在重离子碰撞中可能发生核爆炸的过程,而且核聚变会发生级联反应,毁掉整个世界;第二种可能,就是出现真空态的跃迁。现在的宇宙并不是一个完全稳定的态,它是一个亚稳态,一些科学家认为它可能走向一个更低的态。如果出现这样的事,就有可能出现连锁反应;第三种可能是奇异物质态出现。根据现在的夸克理论,平常的物质由上夸克和下夸克组成,但还有一种夸克叫奇异夸克,在粒子碰撞时,有可能出现一个奇异物质态。这种态形成后,它有可能把周围的物质也变成奇异物质。这样也有发生连锁反应。

这些可能性已经足够给我们带来悲惨的后果,然而,有人认为这还不算最严重的。众多科学家对欧洲大型强子对撞机潜在的威胁争论不休,并令人惊异地提出了一种假设,那就是,这台大型强子对撞机或许会带来一次真正毁灭性的地球超级大爆炸。

这种看似危言耸听的结论并不是毫无道理。欧洲大型强子对撞机的特点,是可以把粒子加速到光速的99%!除了光本身之外,这是以前从来没有过的。当粒子以接近光速运动时,高速运动的粒子束会撞碎粒子,释放出更小的粒子,产生巨大的能量和非常高的温度。如果发生链式反应,两个粒子对撞粉碎,产生了巨大能量、温度,并且释放出更小的粒子,假如非常不幸,这些小粒子又捕捉到了其他粒子引发碰撞、粉碎……整个过程,就像熟知的核爆炸链式反应一样。

一旦这种情况发生,我们的世界将会变成什么样呢?局部物质将会消失,出现一个巨大的大空洞。构成物质的原子、质子全被粉碎了,宏观的物质形态当然也就不复存在了。很可能在试验地区突然出现了一个令人匪夷所思的洞,而这个空洞中很可能闪烁着一个比太阳还耀眼的火球。紧接着,一场席卷地球的高温高速的风暴将席卷而来。巨大的能量、超高的温度,比现有任何一次核爆炸都猛烈。人们可能根本来不及欣赏刚刚出现的那个奇妙的空洞,甚至不会被高温炙烤,巨大的冲击波就足以撕碎一切。在这其后,大量质子粉碎产生的不稳定物质还是要聚合成稳定的物质,这个过程可能要释放能量,地球超级大爆炸之后的物质开始凝聚,地球从此成为一个小恒星也是科学家预言可能发生的后果。

事实上,危险离我们曾如此接近。2007年4月,欧洲核子研究中心就因为计算错误发生了一次爆炸,一块重达20吨的磁体被掀下基座,长达27公里的环形隧道内则充满氦气,工作人员全部紧急疏散。试想一下,倘若粒子实验中发生这样的事情,后果将不堪设想。

如果说这些还正处于推测阶段，那么已经开始的研究就更容易令人感到恐怖。前面说过，目前已经有科学家在粒子实验中制造出"黑洞"，在考虑"人造黑洞"本身会带来的影响外，不少科学家也在警惕人们会利用这一"人造黑洞"制造更可怕的"黑洞武器"。

据俄媒体透露，俄罗斯太空学家们早就开始关注于"黑洞"现象的研究，在俄罗斯太空学会为俄军事院校21世纪军人编的一部教科书上，就有几章专门涉及"黑洞知识"。这本教科书的目录中包括：黑洞、火山现象与反物质欧顿、欧顿与地球灾难、黑洞与神秘事件等等。让人绝对想不到的是，在这本教材的最后，科学家用短短的文字介绍了如何发明"黑洞武器"，如何制造"黑洞炸弹"等。

一个原子核大小的黑洞，它的能量将超过一家核工厂。科学家预言：50年后，具有巨大能量的"黑洞炸弹"将使如今人类谈虎色变的"原子弹"也相形见绌。如果人类有一天真的制造出"黑洞炸弹"，那么一颗"黑洞炸弹"爆炸后产生的能量，将相当于无数颗原子弹同时爆炸，它至少可以造成10亿人死亡。

科学与人物

就在欧洲大型强子对撞器开始运作时，被喻为现今最伟大物理学家的霍金称，根本没有"上帝粒子"，诺贝尔奖提名者希格斯教授对霍金的言论大为光火，更批评霍金的学术理论"不够好"。

这两位展开口水战的科学家，一位是被喻为现今最伟大物理学家的霍金教授，另一位是希格斯教授，也就是"上帝粒子"理论的提出者。两人均获提名竞逐本届诺贝尔奖，谁可得奖？更须视乎实验结果。

欧洲科学家对大型强子对撞器的实验满怀希望，霍金却浇冷水，指出若实验找不到"上帝粒子"反而会"更令人兴奋"，理由是"显示某些东西出错，我们需要重新思考"。霍金甚至曾押注100美元，打赌"上帝粒子"不存在。

第二部分 全球过去、现在、未来的大灾难

希格斯对霍金的言论大为光火,更批评霍金的学术理论"不够好"。他说,霍金以万有引力作基础研究出的粒子物理学理论,"不会有理论派粒子物理学家认为那是正确的理论",因为"你需要在理论上考虑更多因素,不仅万有引力。我不认为霍金有那样做"。其它科学家欲息事宁人,指希格斯对霍金的看法断章取义。

人造黑洞:"人造黑洞"的设想最早提出于20世纪80年代,由加拿大不列颠哥伦比亚大学的威廉·昂鲁教授提出,他认为声波在流体中的表现与光在黑洞中的表现非常相似,如果使流体的速度超过声速,那么,就可以在该流体中建立一个"人造黑洞"。2009年10月,两名中国科学家首次制造出可以吸收周围光线的人造电磁"黑洞"。这个"黑洞"目前在微波频率下工作,或许不久后它就能够吸收可见光,一种把太阳能转化为电能的全新方法可能因此产生。

当2007年世界最强大的粒子加速器诞生时,科学家通常一秒钟就可以生产出一个黑洞来。这一潜在的"黑洞加工厂"一时引起全球恐慌,媒体纷纷报道"人造黑洞"会吞噬地球。

美国加州大学物理学教授史蒂夫·吉汀斯是这方面的专家,他对"人造黑洞"进行了认真分析,他认为:"人造黑洞"毁灭地球的理论纯粹是小说和电影里的虚构,真正的粒子碰撞制造出的"人造黑洞"不可能吞噬地球。

量子传输(量子通信):量子理论中有一些听起来不可思议的现象,但是却都经历了数学证明,以确认它的真实性。量子纠缠就是其中的一种。当两颗来自同一系统的粒子被分开时,如果改变其中一个粒子的状态,那么,另一颗粒子也会同时转变为相同的状态,而无论它们之间的距离有多远。好像这两颗粒子之间存在超越了时间和空间的心灵感应一般。这种特性曾经让爱因斯坦大为困惑,将之称为"鬼魅般的超距作用"。似乎光速不变在量子纠缠面前失效,两颗纠缠态的粒子之间的通讯速度居然可以达到无穷大。相关的争论层出不穷,直到1980年后才通过实验得以解决,人们真正观测到了量子纠缠现象。物理学家们提出了许多理

论来解释这种看起来完全不可思议的现象,但是,并没有任何一个成为所有人公认的主流理论。虽然我们可以利用量子纠缠现象来通讯,但是我们并不知道为什么会有这种现象存在。

量子态隐形传输一直是学术界和公众的关注焦点。潘建伟教授带领团队将中国在量子通讯的研究推进到了世界最前沿,他们在2009年成功实现了世界上最远距离的量子态隐形传输。他认为,也许在未来十年中,量子通讯就会成为广泛使用的通讯技术,而我们将会很快享受量子技术带来的更多便利和安全。量子纠缠可以将通讯过程中每一瞬间的信号都随机加密,与之对应的纠缠态量子将会帮助人们实时解密,而窃听方则毫无解密的机会。利用量子纠缠的计算机将可以同时进行大量计算,现在看来需要动用全球计算能力计算数万年才能破解的经典加密方式,在量子计算面前只像是一张一捅即破的薄纸。

9.核战争

相信很多人都知道第二次世界大战时的核战争,那就是著名的美国向日本广岛、长崎投下的两个原子弹爆炸事件。这两枚原子弹,令世人惊觉核武器在战争中的作用,让很多国家纷纷发展核武器,以使自己跻身至"世界强国"之中。

然而,这种发展却是一种地球无法承受之重。无论哪个人、哪一个国家都无法承担核战争给人类带来的毁灭性的后果。

核武器不同于常规武器。因为在它面前,无论多么勇敢的战士和多么先进的武器装备都显得那么苍白无力。当广岛那颗原子弹爆炸时,立即发出令人眼花目眩的强烈的白色闪光,广岛市中心上空随即发生震耳欲聋的大爆炸。顷刻之间,城市突然卷起巨大的蘑菇状烟云,接着便竖起几百根火柱,广岛市马上沦为火海。爆炸产生的冲击波造成了超音速狂

第二部分 全球过去、现在、未来的大灾难

风,吹垮了爆炸点下方的混凝土建筑;爆炸产生的热量将方圆 1 千米内的所有人烧焦。子弹爆炸的强烈光波,使成千上万人双目失明;10 亿度的高温,把一切都化为灰烬;放射雨使一些人在以后 20 年中缓慢地走向死亡;冲击波形成的狂风,又把所有的建筑物摧毁殆尽。处在爆心极点影响下的人和物,像原子分离那样分崩离析。离中心远一点的地方,可以看到在一霎那间被烧毁的男人和女人及儿童的残骸。更远一些的地方,有些人虽侥幸活着,但不是被严重烧伤,就是双目被烧成两个窟窿。在 16 公里以外的地方,人们仍然可以感到闷热的气流。暂时幸存的人们最终也逐渐死于严重的辐射损伤和癌症。

从那以后,人类就一直生活在核战争的危险之中。古巴导弹危机是 1962 年冷战时期在美国、苏联与古巴之间爆发的一场极其严重的政治、军事危机。事件爆发的原因是苏联在古巴部署导弹。这个事件被看作是冷战的顶峰和转折点。在世界史中人类从未如此近地站在一场核战争的边缘。

冷战的结束以及美国和俄罗斯之间正在进行的军备控制措施,已经极大地降低了全球核毁灭的威胁。渐渐地,人们开始重视核战争带来的严重后果,并担心核战争一旦爆发整个世界都将被它毁灭。然而,当今社会局部地区持续的紧张局势,使得地区性核战争仍有可能一触即发。不少研究者都悲观地认为:目前世界的整体局势"令人沮丧",不少国际性危机已"接近拐点",印度和巴基斯坦针锋相对地核试验、朝鲜刚刚结束的核试验、伊朗核危机、还有阿富汗和伊拉克战争的爆发,似乎都一再向我们警示:世界性的大规模核战争一触即发。

久未露面的古巴领导人卡斯特罗近日来到了哈瓦那大学,为那里的同学们发表了一次演讲。在演讲中,卡斯特罗也对全球可能爆发核战争发出了警告。他说,全球正站在核战争的边缘,其原因是美国、以色列和伊朗之间持续的紧张状态。除非美国总统奥巴马做出努力,否则美国、以色列与伊朗之间可能爆发核战争。所有人,也就是全球 70 亿人将面临这一巨大的悲剧。

逃离地球——当科学遭遇末日预言

　　美俄巨大的核武器库威胁时时刻刻悬在全世界人民的头上。虽然核战争没有爆发，但核竞赛并未停止，每年光是核试验造成的辐射污染，就已经对人类和环境构成了潜在的威胁，造成严重的生态破坏和空气污染，大量土地遭到破坏。据估计，二战中各种爆炸物掀起的良田表层土壤达3.5亿立方米，造成许多良田贫瘠，有些地方成了沙漠和砾石戈壁。

　　于1947年设立的"末日之钟"就是一个时刻在提醒我们核战争离我们究竟有多远的虚拟时钟。"末日之钟"是由美国芝加哥大学《原子科学家公报》设立的，旨在提醒人们，人类面临着核战争的威胁。等到指针走到子夜12点整就象征世界末日或核战爆发的时间。根据世界局势的变化，该杂志会将分针拨前或拨后。

　　时钟设立之初正值冷战，分针距离子夜12点仅7分钟。此后，"末日之钟"共调整过18次。钟表时间距离子夜12点最近的一次是在1952年，当时美国和苏联相继进行了氢弹试验，世界一片惊恐，钟表上的指针被调到了夜里11点58分。最后一次调整是在2007年1月17日，《原子科学家公报》杂志社在华盛顿和伦敦同时举行发布会，宣布将"末日之钟"的时间从23点53分调至23点55分，也就是说，"末日"仅仅剩下5分钟。

　　根据最新研究成果显示，即便是范围有限的小型核战争，核武器爆炸后会将大量煤尘物质掀到大气层中，在人口密集地区的上空形成臭氧洞。南极地区上空的一个臭氧洞多年来就让科学家忧心不已，它使太阳的有害紫外线辐射得以到达地球表面。据研究人员估计，即使小规模核爆炸，也将会使500万公吨的煤尘掀到距地面50英里的高空，进入大气层。烟尘和太阳辐射散发的热量引起一系列化学反应，破坏了保护地球免遭有害紫外线辐射的同温层臭氧层。与南极臭氧洞不同，由核战争引发的臭氧洞将对地球诸多方面将会造成严重影响，除了对动植物造成严重危害外，数百万人还将遭受皮肤癌、眼睛损伤以及其它负面影响的伤害。而在核战争结束后的几年里，臭氧浓度会出现急剧下降。在中纬度区域，臭氧量甚至减少40%，这将对人类健康以及陆地、水生和海洋的生态系统造成巨大影响。中纬度是处于热带和北极之间的一个区域，地球上

第二部分 全球过去、现在、未来的大灾难

有大量人口生活在这一区域。

如果数十枚核武器接连爆炸(根据目前的国际局势,专家认为这是极有可能出现在印度和巴基斯坦之间局部核战的情况),将会有超过2000万人直接死于核战争,这相当于二次世界大战期间死亡人数的一半。许多战区外的人也会逐渐死去。这是因为核爆冲击波会将多达500万吨烟尘抛入到上层大气。在大气运动的驱动下,这些烟尘微粒会在大约一个星期之内绕地球一周,两个月内覆盖整个地球。暗淡的天空会阻挡植物光合作用所需的阳光,并扰乱食物链长达10年之久。核爆炸后10天之内,北半球地表温度将比工业革命前的小冰川时期还要低。核战争导致的温度变化,会比过去500年来最大规模火山爆发造成的影响大两倍。那次发生在1816年的火山爆发,造成了"没有夏天的一年"的后果。全球气候上的变化将使北半球农作物的生长季节显著缩短,而这种情况还将持续多年。在加拿大,最终会因为气温太低使麦子无法生长。目前已经处于历史低水平的世界粮食储备,随着气候的恶劣影响,最终将完全耗尽。由此造成的饥荒会使现在就已经食不果腹的10亿人死亡。

这还仅仅是区域性的核战争造成的后果。那么,目前我们最担心、也是最恐怖的大型核战争爆发,将会给我们的星球、我们人类自己带来什么恐怖的后果呢?

美国和俄罗斯目前仍保留着2000多枚处于高警戒状态的战略性核弹头。这些核弹头的威力要高出广岛原子弹爆炸威力的7至85倍。同时他们还拥有上万枚可在30秒到3分钟内预警发射的导弹。科学家推测,由美国、俄罗斯4400枚战略核弹引发的核战争一旦使核弹爆炸,会将地面的上岩石、土块汽化,它们将由随之出现的蘑菇云带上天空。在火球和烟上升的过程中,又会引起周围的空气向爆心的抽吸,进一步将尘埃卷入烟云之中。烟云在被风吹走的过程中,一些较大的尘埃逐渐降至地面,以放射性物质的形式对人和物体造成伤害,而那些微细的尘埃,则将长久地漂浮于空气之中。而光辐射又会在城市和森林中引起大火,大火所产生的滚滚浓烟在上升的过程中,必然与那些漂浮着的尘埃相遇,从而一起随着西风带环绕地球作周而复始的旋转,并不断地向南方方向扩散,将产生一亿八千万吨的烟尘进入平流层。形成全球性的烟尘罩,将阻挡35%的太阳光到达南半球,导致核黄昏。在北半球,75%的太阳光将被平流层中的烟尘罩所吸收,造成全球性气候变化,使地球处于黑暗和严寒之中,动植物濒临灭绝,人类生存面临严重威胁。

这就是科学家们称之为的"核冬天"或"核黑暗"。

"核冬天"是一个关于全球气候变化的理论,它预测了一场大规模核战争可能产生的气候灾难。"核冬天"理论认为,使用大量的核武器,特别是对像城市这样的易燃目标使用核武器,会让大量的烟和炭黑进入地球的大气层,这将可能导致非常寒冷的天气。

近年来一个关于恐龙灭绝的理论也认为,6500万年前有一颗直径数十公里的小天体击中地球,这场爆炸掀起的尘埃遮蔽住了天空,导致气温下降,植物无法进行光合作用,从而让恐龙这类当时居于支配地位的物种走向衰亡。而大量核弹爆炸所产生的尘埃绝对不会逊于让恐龙灭绝的尘埃。

研究者曾做过一个物理模型,模拟一场大规模核战所引发的后果:在一场50亿吨当量的核大战中,在每一个核爆炸地点上空,都会腾起一股巨大的由尘土和烟灰构成的柱状云团,这股云团上升到大气层5~10英里乃至更高的地方,可将9.6亿吨微尘和2.25亿吨黑烟掀入空中。射向地球的阳光被这些黑烟的微粒吸收而变热,变热后的黑烟又产生一股上升气流,将黑色微粒子推向30公里高的同温层,使臭氧层遭到破坏。核爆炸后,次日的清晨将没有黎明,中午时分天空仍会一片漆黑,这样,整个地球就会变成暗无天日的灰色世界,厚厚的烟云遮盖着天空,终日不散,陆地再也见不到阳光,白天和夜晚难以区分,气温将日复一日地下降。在大陆内地,气温总计可能下降40℃(72F),这足以变夏日为冬日,变冬日为北极的冰天雪地。绿色植被将被冻死,海洋河流冻结,地球生态遭到严重破坏,人类生存条件被毁于一旦。这就是"核冬天"和"核冬天"效应所带来的悲惨世界。

第二部分 全球过去、现在、未来的大灾难

大规模核战争不仅可以直接杀伤数亿人的生命,而且严重地破坏地球气候和生态环境,如果在一场核战争中使用50亿吨以上当量的核武器,不仅将有20多亿人成为直接受害者,而且会使世界上的气候发生重大变化,一次大规模核战争可以向平流层释放1.5亿吨烟尘,使全球气温比他们在1.8万年前最后一个冰河时代最冷时期还低。毁灭性的霜冻将持续1—3年,每天都会出现在北半球的主要农业区。全球平均降水会减少45%,地球的臭氧层将会耗竭,农作物的生长季节将被破坏。地面温度平均下降低至10℃以下,并持续数周以上。

大规模核战争毫无疑问将造成环境灾难,并导致大多数人死于饥饿。致命的气候变化、致命的黑暗与霜冻、来自放射性尘埃的高剂量辐射和有毒污染会导致已经脆弱不堪的生态系统彻底崩溃。严寒、高剂量辐射、工业、医疗、运输设施被广泛破坏,再加上食品和农作物的短缺,结果将产生物种大规模的绝迹,将毁灭许多生活在食物链顶端的动物。最后,地球上的相当一部分生命,包括人类,将在一场大规模核战争中消失。

科学与人物

罗伯特·奥本海默,1904年出生在纽约一个富裕家庭,1942年奥本海默入选一个物理学家团体,评估制造原子弹的可能性。

奥本海默没有得过诺贝尔奖,但他的成就绝不亚于任何一位诺贝尔奖得主。一名得过诺贝尔奖的物理学家曾说:"和奥本海默同时代的物理学家,没有一个人像他一样了解现代理论物理发展的每一个层面。"

在原子弹试验的那一天,奥本海默曾面孔朝下躺在控制中心的地堡里,倒数计时还剩两分钟的时候,他喃喃地说:"上帝啊,这些事情搁在我心里难受……"

在爆炸成功后接受记者访问时,奥本海默用贫乏的言语描述了自己对于爆炸成功的感受,"恐惧"、"不无沮丧",停顿一会儿,他说:"许多孩

子还没有成长就面对了死亡。"走出控制中心,奥本海默和同事本布里基握手,本布里基望着他的眼睛轻声说:"现在我们都是万人咒骂的狗娘养的了。"

奥本海默在第二次世界大战期间为美国贡献了一切。原子弹在日本广岛爆炸之后,奥本海默成为同代人中最著名的科学家,同时也是20世纪最具争议性的人物之一,并成为面对科学进步的现代人的形象化身。

奥本海默是对核物质实施国际控制的激进提案的发起者之一,这一思想即使在今天也是至关重要的。他极力反对美国发展氢弹,并强烈反对美国空军试图发动一场极其危险的核战争的计划。20世纪50年代初是一个充满癔症的年代,奥本海默的思想自然就成为强力支持建造大规模杀伤性武器的人们诅咒的对象。

10.纳米机器人及其他灾难

爱因斯坦曾预言:"未来科学的发展无非是继续向宏观世界和微观世界进军。"洞察微观世界的秘密,需要借助仪器来开拓视野、延伸双手。纳米科技以空前的分辨率为人类揭示了一个可见的原子、分子世界,它的最终目标是直接以原子和分子来制造具有特定功能的产品。

特定功能的机器人。美国哥伦比亚大学的科学家们宣布,他们已成功研制出一种由DNA分子构成的"纳米蜘蛛"微型机器人,它们能够跟随DNA的运行轨迹自由地行走、移动、转向以及停止,并且它们能够自由地在二维物体的表面行走。

这种"纳米蜘蛛"微型机器人非常的小,仅有4纳米,比人类头发直径的十万分之一还小。按照设想,纳米机器人可以用于医疗事业,以帮助人类治疗各种目前无法治疗的疾病。试想一下,在未来的某一天,你持续发烧,但在看病时医生既没有给你开药,也没有打针,而是提供了一种特别的医疗方式——往血液里植入一种微小的机器人。这种机器人探测到发烧原因,摇曳着一对尾巴状的附加物,游过了动脉和静脉,运行到适当的系统,直接对感染部位进行治疗。

在科学家看来,纳米机器人是人类未来的体内医生。

很多科学家以及医生认为,纳米机器人的应用有着无限潜力——而其中最有可能的包括:治疗动脉粥样硬化、抗癌、去除血块、清洁伤口、帮助凝血、祛除寄生虫、治疗痛风和粉碎肾结石。以治疗肾结石为例,纳米机器人可以携带小型超声波信号发生器,通过直接发射频率粉碎肾结石。最重要的是,它不会像抗生素那样给人们带来众多的副作用。

20多年后,我们的血液里将可以被植入纳米机器人装置,它的大小近似人体血液细胞,它能够从细胞及分子的层面让人体变得更为健康。目前,生物学家已经发明出第一代纳米机器人,且多次成功地在动物身上进行过实验。科学家曾利用纳米机器人成功治愈老鼠的糖尿病。美国麻省理工学院的研究者已经拥有一种特殊的监测技术,可以利用纳米机器人发现血液中的癌细胞并消灭它们。预计25年后,科学家将研制出比第一代纳米机器人功能强大10亿倍的类似装置,用来进一步加快人类寿命增长的速度。届时,未来人类寿命有望达到数百年。

在化妆品方面,利用纳米机器人制作成的染发剂、洗发精,人们使用这样的产品后,几秒钟就可以拥有新的发色,纳米机器人可以深入发根操纵细胞,让未来一定时间内只长出所希望颜色的头发而不必常常染发。纳米机器人也可以放入唇膏或植入嘴唇皮肤,它会影响嘴唇的颜色,或只反映特定几种频率的光,造成特定唇色的效果。

不少人预言,未来几年内,纳米机器人将可能带来一场医学革命。医生可以利用细菌般大小的机器人来治疗从心脏病到癌症的各种疾病,那些机器人将比目前这些要小得多。这些机器人可以单独或者成组地工作,来根除疾病或处理其他状况。有人相信,未来会出现一种半自动的纳米机器人,通过植入人体,定期为人检查身体,以应对一些突发疾病。和此前那些应急治疗不同,这种机器人将永远留在病人体内。

纳米机器人技术的另一项应用潜能是，它可以再造人类的身体，让我们百病不侵，增强人类体能，甚至提高人类的智商。

这听起来很不错，是吗？然而，任何事物都是有正反两面的，正如同原子能等多数高科技一样，纳米机器人也会对人类形成巨大的威胁。就在科学界为纳米机器人研究所带来的成果欢欣鼓舞的时候，不少人已经开始关注这项技术将会给整个人类文明带来什么不能承受的后果。

寿命的延长并不意味着没有疾病，有研究员表示，以前人类寿命很短的时候，诸如老年痴呆症、亨廷顿病等神经疾病相对较少，但是现在此类疾病的发病率却在不断增高。得这些病的人多了，不能只简单地认为是发病率增加了，还要考虑人寿命普遍延长的大背景。因此，假如人的寿命再延长，现在没有显示出来的问题也可能会不断出现。

而且，假如人人都活到两百岁，地球将会是一个什么样的情况？死亡率的下降会让本就已超负荷的地球更加难以承受，人们对目前已经出现的人口过剩及资源紧缺问题感到更加担忧。的确，如果人们的寿命实现了大幅飞跃，甚至达到无限延长的地步，而在其他方面却没有所改变的话，世界是无法承受这种压力的。

另一方面，纳米机器人潜力巨大，它甚至将超过信息技术和基因组工程，成为21世纪决定性的技术。科学家预计，到2030年人类可能采用一种"纳米机器人"技术来对人脑进行扫描，并可控制基因，消灭遗传病。人类可以利用基因芯片迅速查出自己基因密码中的错误，并迅速利用如同人体血液细胞大小甚至更小的纳米机器人进行修正，使人类可以消灭各种遗传缺陷。这些机器人以十亿计的数量使用，它们能探测每一个毛细血管，甚至能对神经细节进行近距检测。更了不起的是，通过高速无线连接，这些"纳米机器人"能相互联络，以及同编制大脑扫描数据库的电脑沟通。当然，这些机器人还能从无线网络上获取信息，人们可以在千里之外遥控它们。

或许就在不久的未来，人们可以将纳米机器人放在来自感觉器官（即眼睛、耳朵、皮肤）的每一个神经元间连接的位置，它就能够抑制所有来自真实感官的信息,并以虚拟环境的适当信号让人类进入一个虚拟现实环境。植入人体的"纳米机器人"将产生替代真实感觉的感官信息流,于是创造出一个身临其境的虚拟环境,你不必给朋友打电话,就能与之相聚在伦敦的咖啡馆,或者一同漫步在虚拟的夏威夷海滩,纳米机器人将彻底改变人类的劳动和生活方式。可以肯定的是,未来纳米机器人可以通过注射,甚至是吞服的办法轻易植入,它们将具有编程能力,能够一会儿提供虚拟现实,一会儿又作为一系列大脑的伸展,也许最重要的是,它们将大量分布于整个大脑,占据数十亿或者是数万亿个位置。纳米机器人甚至能备份大脑的所有内容,就像在电脑上备份文件一样。这意味着它们可能备份每种思想,每种经历,以及让我们成为个体的一切。

毫无疑问,这项新技术的出现将可能涉及到法律、伦理甚至政治问题。一旦机器人开始给自己编程,甚至删除人类指令,人类为机器人所指定的伦理法则就会变成一纸空文,很难得到遵守。当我们更多的使用纳米机器人所携带的电脑芯片来扩展我们的记忆、改善我们的感官,人脑会像电脑一般轻松应对复杂的运算。我们的自我意识是否会存在?我们是否能分得清什么是机器人制造的虚拟,什么是我们亲身体验的真实?

最让人们感到担心的是纳米机器人的自我复制功能。据一份科学报告称,纳米机器人能自我复制,将它们穿过的每一样物质的结构都复制成它们自己,而人类无法阻止这种过程发生。随着科学技术的不断进步,肯定会有那么一天,这些机器人以数亿计的数量使用。它们将大量分布在整个世界,占据数十亿或者是数万亿个位置。当成千上万的纳米机器人在我们的血脉中穿梭的时候,在治疗疾病的同时会不会产生可怕的后果?

让人感到恐惧的是,能够进行自我复制的纳米机器人,如果失去控制,开始疯狂地复制自身怎么办?在失去控制的纳米机器人眼里,所有的物质都是一样的,都是一堆原子。它们不仅可以把岩石拆开,组装成纳米机器人,也可以把机器、大桥、高楼大厦拆开,还可以把所有的动植物和

105

人拆开组装成纳米机器人。我们的皮肤能够挡住微生物,但不一定能挡住纳米机器人。我们的免疫系统可以杀死微生物,但不一定能杀死纳米机器人。纳米机器人和所有的生物都不一样,它们在没有水、矿物质或者没有空气的地方也可以自我复制,所以,这种自我复制带来的指数增长不会因为这些条件而停止下来。

一些评论家说,目前人工智能的继续发展可能会超出人类的控制,他们担心恶意的人工智能可能会努力消灭人类。一旦机器意识到自己的存在,并了解到自身的结构,它们就能设计一个自我改进方案,这将带来一系列很棘手的连锁变化。这样的自我完善可能会连续发生好几"代",然而,对机器来说,更新一代只需要短短几个小时。

科学家认为,我们有理由担心,技术进步可能通过消灭大量工作机会,并强迫人类学会同越来越多地复制人类行为的机器共存来改变劳动者。尤其令人担心的是,犯罪分子通常都会比普通人懂得如何运用新技术,他们可能在人工智能系统一经开发就开始利用它们。犯罪分子可能使用一个能伪装成人类的语音合成系统来做什么呢?如果人工智能技术被用来从智能电话上挖掘个人信息该怎么办?可以自动杀人的纳米机器人或许已经出现,它们将导致我们的社会陷入一片混乱当中。

当人工智能机器达到一定的智能水平之后,它们将会"失去控制",以我们无法想象的速度自行进化,以至于远远地并且非常迅速地把我们抛在后面。很多人都担心人类终有一天会断绝在人工智能的手上。还有人担心,人类是否会失去对机器的控制,使得人工智能机器破解并进入核弹系统,而后会随意发射核武器。考虑更多的科学家们提出了一系列更具体的问题:人工智能是否会意识到自己失明或耳聋?人工智能是否会像人类一样具备感情?人工智能模拟的大脑是否能学会像人类大脑那样工作?人工智能是否会随着高速的发展而对人类不屑一顾?一个个可怕的问题,让人不寒而栗。

科学家提出,到21世纪下半叶,将人类同电脑绝对而清楚地区分开将变得毫无意义。人类将拥有经过"纳米机器人"技术大大扩展了的生物

第二部分 全球过去、现在、未来的大灾难

大脑。另一方面,将芯片植入人脑,由脑电波控制的方式可以将人脑的高智能与计算机的高性能结合,人们也将拥有纯粹的非生物大脑。我们和我们的世界将与现在大不一样,对什么是人、什么是机器人的定义也将变得不同。当这种情况出现以后,我们又是否可以这么认为,从某种意义上讲,人类就已经被机器人所替代?

已经有人预言:当纳米机器人成功制造出来的时候,就是人类走向灭亡的开始,一旦出现了某种形式的超级智慧要同我们分享地球,一切就都完了。这就是人类被更高等级的物种所代替的自然过程。纳米机器人最终必将走上意识和自我觉醒之路。几乎就在一瞬间,地球上除了纳米机器人之外就什么也没有了。一直到所有的原料都消耗殆尽为止,包括地球上所有的有机物和无机物。这种毁灭,不仅是人类的毁灭,也是所有生物进化成果的毁灭,可能也是地球的毁灭。

科学与人物

艾萨克·阿西莫夫(1920—1992),出生于俄罗斯的美国犹太人作家,生物化学教授,门萨学会会员。美国科幻小说黄金时代的代表人物之一。

1942年发表的作品中第一次明确提出"机器人三定律"。

第一定律:机器人不得伤害人类,或袖手旁观坐视人类受到伤害;

第二定律:除非违背第一法则,机器人必须服从人类的命令;

第三定律:在不违背第一及第二法则下,机器人必须保护自己。

机器人被设计为遵守这些准则,违反准则会导致机器人受到不可恢复的心理损坏。但是在某些场合,这样的损坏是不可避免的。在两个人互相造成伤害时,机器人不能任人受到伤害而无所作为,但是,这会造成对另一个人的伤害,造成了机器人的自毁。

三定律在科幻小说中大放光彩,同时,三定律也具有一定的现实意义,在三定律基础上建立新兴学科"机械伦理学"旨在研究人类和机械之间的关系。目前,很多人工智能和机器人领域的技术专家也认同这个准

则,随着技术的发展,三定律可能成为未来机器人的安全准则。

后来又出现了补充的"机器人零定律":

第零定律:机器人必须保护人类的整体利益不受伤害,其它三条定律都是在这一前提下才能成立。

除了以上人类可能面临的威胁外,还有很多其它的危机。

比如,早在1898年,一位英国物理学家就提出:与物质存在一样,有一个镜像对应的反物质存在;1997年科学家宣布发现了"银心反物质喷泉"极大地震撼了整个物理学界;2010年11月17日,欧洲核子研究中心的科学家们表示,通过大型强子对撞机,他们已经俘获了少量的"反物质"。当然,这些"反物质"只是少量的反氢原子而已,但这一发现也是引发了科学家极大的反响,分析认为,由几克"反物质"制造的炸弹就能毁灭地球。

大型强子对撞机

再比如,地核温度的变化:地球刚刚诞生的时候是有着很高的温度,而且表面温度也是很高的,但随着时间的推移,高温渐渐被大气,水所带走或变成其他形式的能量。经过几十亿年,现在的温度已经降得很多,但内部的温度还是很高。不过现在温度还是在降低的。比如各种火山爆发,新的地壳产生都把地下的热量带出来。随着时间的消逝,地下的温度会越来越低,最后地球磁场像火星一样的慢慢消失,最后可能导致生物的毁灭……

另外,基因工程走得更远,人类已经可以通过修补DNA改变生物体,用高科技改变一些动物或植物的遗传基因,人造染色体不久也将被用于医学和农业科学上。然而,这些善意的基因技术或许也将带来一场意想

第二部分 全球过去、现在、未来的大灾难

不到的灾难。人类也许认为自己操作的是一种友好的生物基因,然而,它们可能会以某种科学家意想不到的方法毁灭庄稼、毁灭动物甚至人类。

科学家将最后一种威胁归之于大自然的不可抗力。宇宙中存在很多未解之谜,而每一种神秘的力量都足以对人类未来命运产生至关紧要的影响。有科学家认为,宇宙中哪怕数百万光年以外的一颗超新星爆炸,都将潜在影响地球在太空中的命运。

> 人类目前对地球资源的掠夺性使用,已经以20%的比例超过了地球的承受能力,而且这个数字每年还在不断地增加。

第三部分 全球环境状况与分析

世界生态环境

1.大气污染的警报

工业文明和城市发展,在为人类创造巨大财富的同时,也把数十亿吨计的废气和废物排入大气之中,人类赖以生存的大气圈却成了空中垃圾库和毒气库。联合国环境组织发表的一份报告说:"空气污染已成为全世界城市居民生活中一个无法逃避的现实。"

就在最近,美国国家航空航天局发布了一份全球空气质量图,该图显示:从南非撒哈拉沙漠到东亚的大片地区,空气中的PM2.5颗粒值非常高。

而空气中PM5以下的细粒对人体的影响是最大的。这份全球空气质量图引起了全世界各环保组织的广泛关注,世界卫生组织将该图与全球人口密度图对比后发现,世界上超过80%的人口正在呼吸着严重污染的空气。照此发展,如果大气中的有害气体和污染物达到一定浓度时,将会对人类和环境带来巨大灾难。

在离地面10—55千米的平流层里,大气中的臭氧相对集中,形成臭氧层。大气中有了臭氧层,起着净化大气和杀菌作用,可以把大部分有害的紫外线都过滤掉,减少了对人体的伤害,而且使许多农作物增产。臭氧过浓会使人体中毒,而臭氧含量减少,紫外线就长驱直入,使人体皮肤癌发病率增加,农作物减产。科学家已经发现,在南北两极上空的臭氧减少,好像天空坍塌了一个空洞,叫做"臭氧洞"。紫外线就通过"臭氧洞"进入大气,危害人类和自然界的其它生物。"臭氧洞"的出现,同广泛使用氟里昂(电冰箱、空调等的制冷材料)有非常大的关系。因此,自2000年起,美国和欧洲等国家决定,停止生产氟里昂。

有时候,从天空落下的雨水中含有硫酸。这种酸雨是大气中的污染物二氧化硫经过氧化形成硫酸,随自然界的降水下落形成的。酸雨的危害遍及欧洲和北美,我国主要分布在贵阳、重庆和柳州等地。酸雨降到地面后,导致水质恶化,使各种水生动物和植物都会受到死亡的威胁。酸雨进入土壤后,使土壤肥力减弱。人类长期生活在酸雨中,饮用酸性的水质,都会造成呼吸器官、肾病和癌症等一系列的疾病。据估计,酸雨每年要夺走7500—12000人的生命。

近年来,人们逐渐注意到大气污染对全球气候变化的影响问题。经过研究,人们认为在有可能引起气候变化的各种大气污染物质中,二氧化碳具有重大的作用。从地球上无数烟囱和其他种种废气管道排放到大气中的大量二氧化碳,约有50%留在大气里。二氧化碳能吸收来自地面的长波辐射,使近地面层空气温度增高,这叫做"温室效应"。经粗略估算,如果大气中二氧化碳含量增加25%,近地面气温可以增加$0.5℃\sim2℃$。如果增加100%,近地面温度可以增高$1.5℃\sim6℃$。本来,这种"温室效应"

是正常的。但是,进入工业革命以来,由于人类大量燃烧煤、石油和天然气等燃料,使大气中二氧化碳的含量骤增,大气吸收太阳能量也随之增加。有的专家认为,大气中的二氧化碳含量照现在的速度增加下去,若干年后会使得南北极的冰融化,导致全球的气候异常。近几年,随着海啸、飓风等灾难频频发生,我们已经感受到了全球气候异常的信号。

我们时常会有这样的疑问:现代科技发展迅速,可是为什么我们吃到的蔬菜水果越来越不健康?为什么我们看到的风景越来越憔悴枯萎?为什么我们周围的文化古迹越来越多的斑驳坍塌?这其中缘由,大气污染难逃其咎。

大气污染物,尤其是二氧化硫、氟化物等对植物的危害是十分严重的。当污染物浓度很高时,会对植物产生急性危害,使植物叶表面产生伤斑,减缓生物的正常发育,降低生物对病虫害的抗御能力,或者直接使叶枯萎脱落。当污染物浓度不高时,会对植物产生慢性危害,使植物叶片褪绿,植物在生长期中长期接触大气的污染,或者表面上看不见什么危害症状,但植物的生理机能已受到了影响,损伤了叶面,减弱了光合作用,伤害了内部结构,造成植物产量下降,品质变坏。大气污染还通过酸雨形式杀死土壤微生物,使土壤酸化,降低土壤肥力,危害了农作物和森林。而我们所能食用的各种家禽,也是在大气污染中生长,呼吸道感染和食用了被大气污染的食物,使动物体质变弱,最终,这些被大气污染过的植物和肉类都会随着人的食用而进入人体。同时,大气污染物对仪器、设备和建筑物等,也都有腐蚀作用。如金属建筑物出现的锈斑,古代文物的严重风化等,都是缘于大气污染。

而我们每个人都是需要呼吸空气来维持生命。一个成年人每天呼吸大约2万多次,吸入空气达15~20立方米,每天与环境交换一万多升气体。因此,被污染了的空气对人体健康有直接的影响。大气污染物主要通过三条途径危害人体:一是人体表面接触后受到伤害,二是食用含有大气污染物的食物和水中毒,三是吸入污染的空气后患了种种严重的疾病。各种大气污染物是通过多种途径进入人体的,对人体的影响又是多方面

的。而且,其危害也是极为严重的。让我们来看看几种大气污染物对人体的危害:

几种常见大气污染物对人体的危害

名　称	对人体的影响
二氧化硫	视程减少、流泪、眼睛有炎症、胸闷、呼吸道有炎症、呼吸困难、肺水肿、窒息死亡
硫化氢	恶心、呕吐、影响人体呼吸、血液循环、内分泌、消化和神经系统、昏迷、中毒死亡
氮氧化物	支气管炎、气管炎、肺水肿、肺气肿、呼吸困难、严重者直至死亡
颗粒物	伤害眼睛、引起鼻炎、慢性气管炎、幼儿气喘病和尘肺、甚至肺癌、损害儿童生长发育
光化学烟雾	眼睛红痛、视力减弱、头疼、胸痛、全身疼痛、疲劳麻痹、肺水肿、严重的在1小时内死亡
碳氢化合物	皮肤和肝脏损害、致癌死亡
一氧化碳	头晕、头疼、贫血、心肌损伤、中枢神经麻痹、呼吸困难、严重的在1小时内死亡
氟和氟化氢	强烈刺激眼睛、鼻腔和呼吸道、引起气管炎、肺水肿、氟骨症和斑釉齿、重者可因麻痹、虚脱而死亡
氯气和氯化氢	刺激眼睛、上呼吸道、严重时引起中毒性肺水肿、肺内化学性烧伤而迅速死亡
铅	神经衰弱、腹部不适、便泌、贫血、记忆力低下

1952年12月5~8日英国伦敦发生的煤烟雾事件死亡4000人。人们把这个灾难的烟雾称为"杀人的烟雾"。据分析,这是因为那几天伦敦无风有雾,工厂烟囱和居民取暖排出的废气烟尘弥漫在伦敦市区经久不散,烟尘最高浓度达4.46毫克/立方米,二氧化硫的日平均浓度竟达到3.83毫升/立方米。二氧化硫经过某种化学反应,生成硫酸液沫附着在烟尘上或凝聚在雾滴上,随呼吸进入器官,使人发病或加速慢性病患者的死亡。

还有很多震惊世界的大气污染事件:

马格河谷事件

1930年12月1—5日,比利时马格河谷工业区,60余人死亡。

多诺拉事件

1948年10月26—31日,美国宾夕法尼亚州多诺拉镇,占全镇43%的居民(5911人)受害,11人死亡。

洛杉矶光化学烟雾事件

20世纪50年代初,美国洛杉矶市65岁以上老人死亡400多人。

四日市哮喘事件

1961年,日本四日市817人患哮喘病,10多人死亡。

博帕尔毒气泄漏事件

1984年12月3日,印度博帕尔市2500多人直接死亡,20万人受到伤害,其中5万人双目失明。

由以上的事件可知,大气中污染物的浓度很高时,会造成急性污染中毒,或使病状恶化,甚至在几天内夺去几千人的生命。其实,即使大气中污染物浓度不高,但人体成年累月呼吸这种污染了的空气,也会引起疾病。人的肺部原本有自我净化功能,但因大量污染物被吸入肺部,肺泡内的吞噬细胞将其吞噬而存留于肺中。一些人的肺脏因此丧失了自我净化能力,引发肺气肿及肺癌等疾病。

我国加速城市化和工业化过程,在拉动经济的同时,也使得多种大气污染问题在城市里越来越突出,在以二氧化硫、氮氧化物、可吸入颗粒物为特征的传统煤烟型污染尚未解决的同时,臭氧和颗粒物细粒子

第三部分 全球环境状况与分析

等二次污染问题又接踵而至,且污染态势更加严峻,危害更大。这种复合型大气污染给人们的健康带来了重重威胁。在大气颗粒物中,可吸入颗粒物PM10直径小于10微米,可以进入呼吸道。PM5可进入支气管,而PM1则可进入肺泡。大气中的有机污染物,如多环芳烃类,具有较高的致肺癌活性。

统计显示,多环芳烃类浓度每增加一倍,癌症发病率就会增加3.3倍。此外,二氧化硫、臭氧等可能导致哮喘等过敏性疾病,氮氧化物和降尘则可能导致慢性阻塞性肺部疾病。同时,氮氧化物对眼结膜和皮肤也会产生刺激。

从大气污染状况来看,我国已形成三大城市污染群,即长三角城市群,珠三角城市群以及京津唐冀城市群。而这些恰恰都是我国经济较为发达的区域。经济发展程度与空气质量呈现出密切的关系。大中型城市能源消耗和私家车拥有量较高,因此随之产生的空气污染也更加突出。

随着公众对大气污染问题的日益重视,一些重污染企业大部分被迁至郊外。在城区里的大气污染源主要包括汽车尾气,堆场和建筑工地,以及仍留在市区的部分大型企业三方面。这些污染源带来了扬尘,灰霾天气和光化学烟雾等问题。灰霾是指大量极细微的干尘粒均匀地浮游在空中,使能见度小于10公里的空气普遍混浊现象。灰霾天气时,空气中的烟雾和尘粒较多,很容易刺激人体呼吸循环系统,诱发呼吸道疾病。

目前大城市的空气污染正在从传统煤烟型向汽车尾气型转化,相当多的汽车尾气不达标,排放出氮氧化物,碳氢化合物,一氧化碳和颗粒物细粒子等。由汽车,工厂等污染源排出的二氧化碳,一氧化氮等,在大气中经过紫外线照射生成的二次污染物,如臭氧、类硝酸物质等。这种由一次污染物和二次污染物的混合物所形成的烟雾现象,即被称为光化学烟雾,对人体健康有较大的危害。

据世界银行估计,中国有10亿人生活在总悬浮颗粒物超标的环境中,6亿人的生活环境二氧化硫超标。其中,中国北方城市的大气污染明显比南方城市严重。另有数据显示,中国每年因城市大气污染而造成的

115

呼吸系统门诊病例达35万人,急诊病例达680万人,大气污染造成的环境与健康损失占中国GDP的7%。我国肺癌发病率与城市环境之间的关系,从另一个侧面反映了大气污染对人体健康的影响。

吸烟一直被认为是导致肺癌的最重要因素,统计表明,大气污染的威力似乎并不亚于尼古丁。根据今年4月29日国家卫生部公布的相关调查,与环境和生活方式有关的肺癌,发病率呈明显上升趋势,在过去的30年里竟上升了465%。肺癌已经代替肝癌成为我国首位恶性肿瘤死亡原因。值得注意的是,在肺癌发病率明显上升的同时,近几年我国的吸烟率一直比较平稳。城市和农村的吸烟率差别不大,城市人口患肺癌的比率却是农村人口的两三倍。这表明城市大气污染已经对人体健康产生了明显的影响。

科学与人物

中国科学家在天山山地冰川的冰芯中发现了人类大气污染的证据。这一结果证明了即便是远离人类居住的偏远地区也已经受到了人为污染。

科学家通过对天山一号冰川中形成于1955年—1998年的冰芯中记录的有机酸含量的分析,充分证明了天山地区的大气已经受到了人为污染。由中国科学院研究员李心清与中国气象局局长、中国科学院院士秦大河和中国科学院研究员丁文慈合作撰写的论文,刊登在近日出版的中国科技核心期刊上。

李心清说:"作为一个远离人类居住的偏远地区,人类的大气污染是否影响到了天山地区,是科学界近年来争议较大的问题。我们的研究同时也表明,天山地区已经受到人为污染。"

近两年,英国生态和水文中心的吉姆·史密斯博士对切尔诺贝利核电站事故进行了深入研究。他对当时的救援人员和后来在此地定居的居民的健康风险进行评估后发现,切尔诺贝利受害者遭受的辐射相当于做了1.2万次X光胸透,100个人中可能就有1人死于由此造成的癌症。

史密斯又对人们更为熟悉的城市空气污染、肥胖和吸烟风险进行了研究,结果发现,空气污染和被动吸烟引发的健康风险竟然比切尔诺贝利核辐射更严重。数据表明,一些大城市的大气重度污染比切尔诺贝利的核辐射更能降低人们的预期寿命。伦敦中部地区空气污染引发的心肺疾病死亡率就比切尔诺贝利核辐射引发的此类疾病死亡率高2.8%。就算是在英国污染最轻的城市,如果经常被动吸烟,由此引发的肺病死亡率也比切尔诺贝利的高1.7%。

2.水资源危机

水是哺育人类的乳汁。没有水的哺育,就没有生命的繁衍,没有水的世界,将是死亡的世界。地球上因为有了水,才变得生机勃勃。

水资源具有两重性,一方面,它在地球上的总数量恒定不变,可更新、循环永久地利用,可以看作是"取之不尽、用之不竭"的。另一方面,水资源又是极其宝贵和有限的。联合国就世界水资源作过调查分析,认为就全世界淡水资源而言是极其有限的,淡水资源并非取之不尽,用之不竭。我们休养生息的地球,虽是一个70%的面积由水覆盖的蓝色星球,水的总储量约为13.6亿立方米,但其中97%为苦涩的海洋咸水,可供人类开发利用和饮用的淡水只占了3%左右。然而在这3%左右的淡水中,约有2.66%是人类难以开发利用的两极雪山冰川和永冻地带的冰雪,现在的人类社会真正可以利用的淡水资源只相当于淡水资源储量的0.34%。并且,淡水资源在空间和时间上分配极不均匀。

联合国粮农组织对今后水资源作过预测,到本世纪末,世界年人均水资源占有量,亚洲将从现在的5100立方米降至3300立方米;欧洲将从现在的4400立方米降至4100立方米;北美洲将从现在的2.13万立方米降至1.75万立方米；非洲将从现在9400立方米降至5100立方米；拉丁美洲将从现在的4.88万立方米降至5100立方米。到2000年世界淡水资源的人均占有量，将比现在减少20%以上。现代工业、农业、科技发展的频率在不断加快，这给人类社会的发展和进步提供了物质的条件。然而，随着现代化城市的发展与工农业的增长，人类的用水量亦呈直线上升趋势，而且这种直线上升的趋势将会随着经济的发展而难以遏制，其势头将会越来越强劲。根据材料统计，一个百万人口的城市，每天的工业生产和居民生活用水约需60万吨以上，而全世界百万人口的城市难以计数，其每天的用水量不言而喻。从生产领域来看，更是令人吃惊，生产一吨烧碱需用水100吨，生产一吨钢需用水200吨，生产一吨人造纤维需用水1000吨，生产一吨纸、一吨石化产品需用水200~500吨。第一产业的用水量则更多，有材料显示，第一产业的用水量是世界工业用水的4倍以上。

随着科学技术的不断进步，世界工业用水和农业用水的比重将会缩小，但是，这种缩小是需要时间和极其有限的。在发展中国家，有些城市人口的增长以及工业生产都已大大超过其供水的承受能力，造成城市水资源的危机。例如，墨西哥的墨西哥城，智利的圣地亚哥，印度的新德里市都发生了水资源的危机，迫使这些国家不得不采取措施，包括节水，限制工业大户用水，甚至投入巨额资金从远距离调水供应等。特别是近几年，由于受干旱高温天气的影响，致使不少国家(地区)发生了水资源危机。韩国、日本、以色列、新加坡等国曾出现了多年少见的限量供应水资源的局面，有的甚至到了迫使工厂停业的险峻地步，这让一些国家的政府着实吃了一惊。

根据现代科技手段分析调查显示，人类赖以生存繁衍的地球，有1/3的人口达不到安全用水的水平，地球上几十亿人口中有约34亿人平均每人每天只有50升水，根据国际经验，每人每年1000立方米可重复使用的淡水资源是一个基本指标，低于这个指标的国家可能会遭受阻碍发展和损害健康的长期性水荒。然而，目前世界上约有70个国家(地区)已低于这一指标，处于严重缺水状态，主要位于西亚和非洲。

第三部分 全球环境状况与分析

自从1977年在阿根廷的马德普拉塔召开的第一次联合国水资源大会以来,水资源已成为世界性的热点问题。目前已有26个联合国机构参与与水有关的事务。近几年有数以百计的水问题国际会议召开。其中影响较大的会议有:1992年巴西里约热内卢联合国环境和发展峰会;1997年在摩洛哥马拉喀什第一次世界水论坛;1998年巴黎水与可持续发展国际会议;2000年海牙第二次世界水论坛等。

2002年9月2日~4日,在南非约翰内斯堡举行的可持续发展世界首脑全体会议将水危机列为未来10年人类面临最严重的挑战之一。

2006年,斯里兰卡国际水资源管理研究所在"世界用水周"开始之际公布了一份报告。在对各国的水资源进行细致地分析后,研究人员向公众描述了一个令人担忧的现状:迄今为止,全球已有1/3人口面临水资源短缺的困境,这一天

干旱的土地

的到来较之此前预测的2025年,足足提前了20年。目前已有20亿人口居住在缺水国家。照目前趋势,2/3的世界人口到2025年将为缺水所苦,若再不加以有效解决,活不下去的日子已不远了。非洲和亚洲的贫困人口是这场水危机中面临最大威胁的人群。研究者指出,为了缓解目前严重的供水危机,加强对雨水的利用是关键的一环。如果能把目前严重依赖人工引水灌溉的农业转为依赖天然降雨灌溉的农业模式,在萨哈拉地区和东南亚,粮食的产量有可能增长2倍到3倍。报告发出警告,改变必须从现在开始。否则,到了2050年,要继续养活目前地球上的人口,所需的水将会是现在的2倍。到时,情况只会更加糟糕。

预计再过若干年以后,淡水资源危机的国家(地区)将成倍增加,在1

80多个国家中,将会有2/3的国家存在着不同程度的缺少淡水资源的问题。当今,一些国家(地区)为解决淡水资源危机在寻找对策,甚至为了淡水资源,一些国家还发生了严重的对抗。埃及与埃塞俄比亚、印度与孟加拉国因为水资源而屡屡发生激烈的争端。土耳其处于底格里斯河、幼发拉底河的有利位置,在遇到水资源危机的时候,可以随时阻止两河流入伊拉克等国,因此,两河随时都可能引起国家之间的矛盾和冲突。沙特阿拉伯以盛产石油而闻名于世,石油的丰富蕴藏并未给沙特阿拉伯的水资源带来益处,在沙特阿拉伯淡水的价格是汽油价格的几十倍。在海湾战争中,水这种常见的物质,却成了制约战争胜负的有力"武器",水资源显示出它的特殊使用价值。就此,一些学者、专家得出结论,如果现今一些国家为争夺石油而发动战争,那么在今后若干年内,挑起战争的就可能是水资源的短缺。

在水资源日趋严峻的情况下,世界性水资源污染却十分严重。由于人类对森林资源破坏性的滥伐,工业发展后废水的大量排放,生态平衡人为的破坏和不断毒化、污染,人口数量的不断增多,世界性水资源污染的问题日益严重,真正可供人类饮用的水在惊人地减少。据相关材料的统计,全世界每年大约有400亿立方米污水排入江河,仅此排放量就占世界淡水总量的14%左右。工业废水的排放,已使全世界河流稳定量的40%受到严重的污染,其污染物中有毒性很大的铬、汞、氰化物、酚类化合物、砷化物等。工业废水的排放使一些河流臭味令人掩鼻,水质变黑变红,给人类健康带来严重威胁。联合国就人类饮水问题作过专题研究,研究结果表明,现今世界大约有10亿人口得不到符合卫生标准的饮用水,不少儿童因得不到清洁饮水而过早死亡,其死亡人数每天竟多达几万名。国际自来水协会称,每年有2500万五岁以下的儿童因饮服受污染的水生病致死。在发展中国家,每年因缺乏清洁卫生的饮水而造成的死亡人数达1240万人以上。

自上个世纪80年代以来,水质与水环境恶化趋势加剧,已威胁到人群健康,水环境问题成为研究热点。世界上许多地区面临着严重的水资源危机。面对有限的淡水资源,人为的浪费、污染、过度开采等,又使淡水资源危机日趋严峻。

植被减少、天气干旱、无计划,无限度地使用水资源,已使许多河流断流甚至消失,许多湖泊的面积也日益缩小以致消亡。世界上天然湖泊在不断消失,数量不断减少;往日的汩汩河流干涸,河流的数量和干涸的里程在不断增多,这种情况对水生生态系统的破坏性影响是不言而喻的。1994年,日本干旱少雨,各地水库蓄水量多的不到35%,少的仅有1%,有些水库几乎未蓄上水;波多黎各的主要水库卡拉伊索水库蓄水量只能够维持一周的用水;新兴的工业国家韩国竟有1/3的湖泊和水库完全干涸,严重影响了经济的发展和人民的生活用水。恒河在旱季到不了它的天然出口孟加拉湾就干涸了,没有淡水注入大海,恒河三角洲地区红树林和鱼类的栖息地迅速咸化,咸海曾是世界第四大湖,1960年之前,阿姆河和锡尔河每年都有约550亿m^2水流入咸海,然而,从1981~1990年间,由于过量引用河水种植棉花,每年注入咸海的水量降到70亿m^2。现在,其湖面已缩小了一半,容积缩小了3/4,24种鱼类中有20种已消失;我国的黄河,20世纪50年代黄河沿岸引黄灌溉的面积只有80万hm^2,1997年达到730万hm^2,致使各地的用水量成倍增长。黄河下游津站平均每5年就有4年出现断流,每年断流达45天之多。1997年,断流竟长达226天,河口有295天无水入海。对三角洲地区的油田开发和农业生产造成严重损失,破坏了渤海的生态平衡。

作为重要水源的地下水,不仅能弥补地表水时间分配上的不均,也能弥补地表水空间分配上的不均。地下水分布地域广而均匀,在平原地区,山间,盆地都有丰富的地下水。地下水水质一般较地表水好,绝大部分适于饮用。

随着城市及工业的发展和人口的增加,世界上许多大城市对地下水的开采量越来越大,地下水位逐年下降。工业发达国家美国,发展中国家墨西哥、泰国和印度以及北非、中东的一些国家,由于受地表水资源的限制,过度开采地下水资源,结果造成地下水资源极度下降,有的开采困难,有的水量减少,有的甚至形成"漏斗"而无法开采,人为地造成地下水资源的恶性循环。我国华北平原和沿海地区已形成区域性大面积地下水位下降。以北京为例,由于供水量的60%取自地下水,在近40年间地下水位下降了37m。这不仅破坏了地下水资源的动态平衡,而且形成了大面积的区域性"漏斗",使地面沉降、塌陷。除了水源枯竭以外,过量汲取地下水还可能导致各种不可挽回的后果。在一些沿海地区,大量开采地下水引起海水入侵,使淡水层由于咸水入侵而遭受破坏。地下水的汲取还可能引起地壳物质变密,永久性地消除地球的蓄水空间,这是一个很高的代价。

一些科学家指出,当今世界如不采取有效的、科学的措施来控制对地球上淡水资源的人为污染的话,那么不需很长的时间,地球上的湖泊、河流、地下水都将逃不出被污染的命运。即使是远隔陆地的两极冰源,也会由于世界性水污染和空气污染而难逃厄运。

现在,科学合理地利用水资源、节约用水在世界各国已形成共识。工业发达国家美国、法国、日本、加拿大、德国等国政府,把科学合理地利用水资源作为重要的经济政策,来促使社会各界合理开发和科学管理水资源,倡导节约用水,反对浪费。在发展中国家,特别是一些水资源短缺的国家,如墨西哥、印度、智利、以色列、埃及、埃塞俄比亚、沙特阿拉伯、孟加拉国、伊拉克等国家,都采取了一些节约用水的措施,甚至包括定量分配水额的措施、不同行业划分不同的用水标准等,试图以此来减少水资源短缺对政府的压力。

为了减缓用水的矛盾,一些国家(地区)还调整供水布局结构、调整产业结构、调整地下水开采布局;开发利用城市污水资源;搞防渗工程;投下大量的人、财、物去挽救"死去的河流"等。

水是生命之源,是最可宝贵的资源。为此,人类社会正在进行着艰苦卓绝的努力,保持和珍惜每一滴水。

> 科学与人物

我国江河流域普遍遭到污染,且呈发展趋势。对全国55000千米的河段调查表明,水质污染严重而不能用于灌溉的河段约占23.3%,45%的河段鱼虾绝迹,85%的河段不能满足Ⅲ类水质标准,生态功能严重衰退。

据国家权威数据,中国七大流域水质状况从坏到好的次序是辽河流域、海河流域、淮河流域、松花江流域、黄河流域、珠江流域、长江流域。淮河191条支流中近80%的河段河水泛黑发绿。

我国城镇附近水质受污染率已高达90%,对数亿人口饮用水的安全性构成重大威胁,导致疾病,劳动力丧失,残疾甚至早亡。刘鸿亮院士介绍说,国内外由水中检查出的有机污染物已有2000余种,其中114种具有或怀疑有致癌、致畸、致突变的"三致物质"。我国各地的水源中一般都能检出百余种有机污染物,其中常含有"三致物质",经自上而下为水厂的传统工艺处理后不能去除,相反会因为加氯消毒而形成危害更大的氯代有机物。

3.土地荒漠化的威胁

60年代末和70年代初,非洲撒哈拉地区(布基纳法索、尼日尔和塞内加尔)连年严重干旱,夺走了20万人和数百万头牲口的生命。这场旱灾持续时间之长,破坏之大,令世界震惊。它产生的长期经济、社会、政治、环境的影响,使国际社会密切关注全球干旱地区的土地退化。"荒漠化"名词于是开始流传开来。

1992年世界环境与发展大会上通过的定义是"包括气候和人类活动在内种种因素造成的干旱、半干旱和亚湿润地区的土地退化",也就是说,由于大风吹蚀,流水侵蚀,土壤盐渍化等造成的土壤生产力下降或丧

荒漠

失，都称为"荒漠化"。荒漠化最终结果大多是沙漠化。

早在人类出现以前地球上就有沙漠。但是，荒凉的沙漠和丰腴的草原之间并没有什么不可逾越的界线。有了水，沙漠上可以长起茂盛的植物，成为生机盎然的绿洲。而绿地如果没有了水和植物，也可以很快退化为一片沙砾。土地"荒漠化"和沙化是一个渐进的过程，问题涉及的范围之广，已引起全世界关注。土地"荒漠化"是自然因素和人为活动综合作用的结果。自然因素主要是指异常的气候条件，特别是严重的干旱条件，由此造成植被退化，风蚀加快，引起"荒漠化"。而人们为了获得更多的食物，不管气候、土地条件如何，随便开荒种地，过度放牧，为了解决燃料问题，不管后果如何，肆意砍树割草。干旱和半干旱地区本来就缺水多风，现在土地被踩躏，植被遭破坏，降水量更少了，风却更大更多了，大风强劲地侵蚀表土，沙子越来越多，慢慢地沙丘发育。这就使可耕牧的土地，变成不宜放牧和耕种的沙漠化土地。

沙漠化最明显的地方之一，在撒哈拉沙漠南侧的撒黑尔。撒黑尔的北部，以游牧或放牧的形式饲养着羊和骆驼，家畜的过度繁殖使羊和骆驼把整个地区的植物都吃光了，导致土地光秃秃一片。而在较为湿润的南部，原本不过方寸大小的耕地，禁不起接连不断的耕作，整个地区逐渐变成不毛之地，再加上水源不足，人们开始挖掘井水，当人群因水源而聚集，豢养的家畜也更加多起来，再次加速了环境的恶化。这种恶性循环，使该地区的人民生活普遍很困苦。撒哈拉沙漠没有雨季，所以不会降雨，但只要是有任何一点点的水气,沉睡在地底下的植物就会争着冒出新芽,但很快的,又会被过度放牧的家畜吃光了……沙漠化的土质现在仍在无声无息的扩大中……

就全世界而言,过度放牧和不适当的旱作农业是干旱和半干旱地区发生"荒漠化"的主要原因。同样,干旱和半干旱地区用水管理不善,引起大面积土地盐碱化,也是一个十分严重的问题。从亚太地区人类活动对土地退化的影响构成来看,植被破坏占37%,过度放牧占33%,不可持续农业耕种占25%,基础设施建设的过度开发占5%。非洲的情况与亚洲类似,过度放牧、过度耕作和大量砍伐是土地"荒漠化"的主要原因。

无论是气候变化,不可持续农业还是不良水资源管理都导致了土地状况的不断恶化。土地的不断退化不但对粮食安全构成威胁,在最受影响的地区引起饥荒,而且还正窃取着世界上其他富饶肥沃的土地。土地"荒漠化"不仅使大量土地资源丧失,还使生物多样性丧失,全球生物量丧失,增加地表反射率影响全球气候变化,破坏了生态源,对人类直接产生危害。

半个世纪以来,非洲撒哈拉沙漠南部荒漠化土地扩大了65万平方公里,萨赫勒地区已成为世界上最严重的荒漠化地区。亚洲是世界上受荒漠化影响的人口分布最集中的地区,遭受荒漠化影响最严重的国家依次是中国、阿富汗、蒙古、巴基斯坦和印度。

20世纪90年代以来,受荒漠化严重影响的农田产量普遍下降70%~80%,全世界每年这方面的损失就高达260亿美元。在美国有90%的土壤风蚀发生在农业耕作的土壤上,仅1934年的一次"黑风暴"灾害,使该区冬小麦大量减产,迫使16万农民离开风蚀灾害区。1993年5月5日新疆、甘肃、宁夏先后发生强沙尘暴,造成116人死亡或失踪,264人受伤,损失牲畜几万头,农作物受灾面积33.7万公顷,直接经济损失5.4亿元。1998年4月15~21日,自西向东发生了一场席卷我国干旱、半干旱和亚湿润地区的强沙尘暴,途经新疆、甘肃、宁夏、陕西、内蒙古、河北和山西西部。4月16日飘浮在高空的尘土在京津和长江下游以北地区沉降,形成大面积浮尘天气。其中北京、济南等地因浮尘与降雨云系相遇,于是"泥雨"从天而降。宁夏银川因连续下沙子,飞机停飞,人们连呼吸都觉得困难。

据记载,我国西北地区从公元前3世纪到1949年间,共发生有记载的强沙尘暴70次,平均31年发生一次。而建国以来近50年中已发生71次。虽然历史记载与现今气象观测在标准上差异较大,但证明沙尘暴现在比过去多得多。

荒漠化给牧业带来的损失,在世界大多数草原特别是在发展中国家的干旱草原地区非常严重。由于荒漠化的危害,牧业发展长期受阻,不少地区出现下降趋势。

每年冬春两季从沙区吹来的风沙尘暴,不仅使当地二三米内视线不清,而且还飘逸千里之外,造成大范围内空气污浊,妨碍人类生产活动。而且这些由石英、微量元素、盐分等组成的沙尘物质还严重污染空气、饮水、食物,对人畜健康与机器、仪表产生直接损害。

风沙危害不仅破坏了人类赖以生存的生态环境,而且直接影响着农业生产和经济开发建设。我国沙区目前有800千米之多的铁路和数千公里的公路,经常因风沙侵袭和压埋而影响交通。有数以千计的水库和大批灌渠遭受风沙侵袭,仅每年进入黄河的流沙可占全国流沙量的1/10以上。

据介绍,世界上有21亿人口(约占世界总人口的40%)居住在沙漠或者旱地中。沙漠和旱地有着极其独特的价值,世界上50%的牲畜生长在沙漠和旱地的牧场中,44%的可耕地为旱地,而且旱地固存了全球46%的碳。

土地荒漠化是一个世界性的生态环境问题,是当今世界最严重的环境与社会经济问题。据联合国环境规划署对全球荒漠化状况的评估统计,全球荒漠化面积已近36亿公顷,约占全球陆地面积的1/4;已影响到全世界1/6的人口(约9亿人),100多个国家和地区。荒漠和荒漠化土地在非洲占55%,北美和中美占19%,南美占10%,亚洲占34%,澳大利亚占

75%,欧洲占2%。荒漠和荒漠化土地在干旱地区和半干旱地区占土地面积的95%,在半湿润地区占土地面积的28%。每年消失的土地可生产2000万吨的粮食,荒漠化扩展的速度是,全球每年有600万公顷的土地变为荒漠, 其中320万公顷是牧场,250万公顷是旱地,12.5万公顷是水浇地,另外还有2100万公顷土地因退化而不能生长谷物,以热带稀树草原和温带半干旱草原地区发展最为迅速,每年由于土地沙漠化和土地退化造成的经济损失达到420亿美元。为争夺不断减少的旱地资源,还引发地区冲突和更广泛的紧张局势。对于受荒漠化威胁的人来说,荒漠化意味着他们将失去最基本的生存基础。在撒哈拉干旱荒漠区的21个国家中,80年代干旱高峰期有3500多万人受到影响,1000多万人背井离乡,成为"生态难民"。荒漠化已经不再是一个单纯的生态问题,而且演变成经济和社会问题。荒漠化给人类带来贫困和社会动荡。上百万人被迫迁徙会造成被遗弃地区的社会崩溃,今后50年内还将有1.5亿人被迫迁居,给日益拥挤的城镇带来不稳定的危险。

面对日益加剧的荒漠化进程,1992年6月1日至12日在巴西首都里约热内卢召开的有100多个国家元首或政府首脑参加的联合国环境与发展大会上,将防治荒漠化列为国际社会优先采取行动的领域。联合国环发大会以后,联合国通过一项新的决议,就防治荒漠化公约进行全球谈判。先后在内罗毕、日内瓦、纽约、巴黎召开过5次会议。第4次会议于1994年6月6日至18日在法国巴黎召开,6月17日通过了《联合国关于在发生严重干旱和(或)荒漠化的国家特别是在非洲防治荒漠化公约》。1994年10月,112个国家的代表会聚巴黎,举行了公约签字仪式。同年12月,联合国大会通过49/115号决议,确定"世界防治荒漠化和干旱日"。这个世界日意味着人类共同行动,同荒漠化抗争从此揭开了新的篇章,为防治土地荒漠化,全世界正迈出共同步伐。

为了减少荒漠化带来的影响,2007年,联合国大会宣布2010年~2020年为"联合国荒漠及防治荒漠化十年",在接下来的十年中应对土地荒漠化,提高世界旱地的保护和管理,从而解决不断恶化的荒漠化和土地退化问题。

2009年12月,联合国大会要求五大联合国机构针对十年计划发起相关活动。这五大机构分别为联合国环境规划署、联合国开发计划署、国际农业发展基金以及包括联合国秘书处新闻部在内的其他联合国机构。

2010年8月16日,"联合国荒漠及防治荒漠化十年(2010年~2020年)"计划在巴西的半干旱地区——赛阿拉州福塔莱萨举办的第二届国际会议上正式启动。同日,联合国环境规划署与联合国开发计划署共同在肯尼亚内罗毕举办了非洲区域启动仪式。据介绍,北美区域启动仪式于2010年9月在纽约举行,亚洲地区启动仪式计划于10月在韩国举行,欧洲地区的启动仪式则安排在11月。

虽然越来越多的人们对荒漠化表示忧虑,但防治沙漠化的前景并不是全然黯淡的。这些挑战是巨大的,但不是不可以解决的。在全球范围内,恢复旱地的努力正在取得成效,给当地社区不断提供援助可以保持和恢复上百万公顷土地,减少气候变化造成的影响,并减轻人类1/3人口的饥饿和贫穷问题。必须保证旱地仍有生产和耕作的能力。国际社会已经位于十字路口,是继续当前的发展模式,导致更严重更长期的干旱、洪水及水资源缺乏,还是世界人民共同努力,迈向可持续发展的道路,人们必须做出选择,逆转并防止荒漠化和土地退化进程,减缓干旱对受灾地区的影响,为减贫和社会可持续发展做出努力。

科学与人物

今天的内蒙,荒漠化土地已占其总面积的60%以上,全自治区自西向东几千公里长的地带上,分布着10大沙漠和沙地,2/3的农田被沙丘围困,随时都有被沙漠吞噬的危险。荒漠化最重的阿拉善盟,2/3的面积已变为荒漠,滚滚沙龙每年还以20公里的速度向东扩展。

有关专家曾多次告诫:一旦呼伦贝尔草原、锡林郭勒草原没了,北京和天津也就没了。

第三部分 全球环境状况与分析

生态专家严正指出,目前,中国荒漠化面积有262.2万平方千米,占国土面积的27.3%,每年还新增2460平方千米,遍布东经74度到119度、北纬19度到49度的广阔空间,涉及18个省、471个县(尤以西北及内蒙古6省区最为严重,占全国荒漠化面积的71.1%)。受荒漠化影响,全国40%的耕地在不同程度地退化,其中800万公顷危在旦夕,1.07亿公顷草场也是命若游丝。荒漠化深重地影响着4亿人的现在和未来,每年造成的经济损失有541亿元之巨,相当于西北5省3年的财政收入。

严峻的现实还不止于此。中国有很多江河,如长江、黄河的源头及中上游地区均靠草地来维持,一旦草地植被被消耗殆尽,这些水系的"血脉"也就消失殆尽了。

然而,不幸偏偏在真实地发生着。江河之源的青海省,长江、黄河的上游原本茂密的森林已荡然无存,黄河源头第一县——玛多县,已连续4年干旱,近千条(个)河流、湖泊干涸,全县70%的草场退化。黄河上游最大的支流湟水的径流量较60年代降低了1/3。专家说,从1998年以来的10年中,黄河青海段的水量比正常年份减少了23.3%。

根据UNEP数据资料,全球范围内每年由于荒漠化影响造成的年收入减少达420亿美元。目前,沙漠化的影响占地球陆地面积的25%,相当于加拿大、美国、中国、俄罗斯国土面积的总和。受影响的人口占世界人口总数的12%。到本世纪末,影响面将扩大到占地球陆地面积的35%,总人口的20%,约有100个国家将受其害,沙漠化可能变成全球性灾难。受沙漠化影响深重的农村人口已由1977年的5,700万增加到目前的1.35亿。沙漠化在贫困的非洲撒哈拉以南地区尤其严重,沙漠化速度为每年扩展6公里。沙漠化在这一地区影响面积已达7.5亿公顷,相当于澳大利亚的面积。

4.海洋资源的人为破坏

海洋是生命的摇篮,海洋中的生物多达20多万种,地球上有80%的生物都在海里。海洋在人类的日常生活中发挥着关键作用。

世界水产品中的85%左右产于海洋。以鱼类为主体,占世界海洋水产品总量的80%以上。海洋生物还有很高的药用价值:鲍鱼可平血压,治头晕眼花症;海蜇可治妇人劳损,积血带下,小儿风疾丹毒;海马和海龙补肾壮阳,镇静安神,止咳平喘;用龟血和龟油治哮喘,气管炎;用海藻治疗喉咙疼痛等;海螵蛸是乌贼的内壳,可治疗胃病,消化不良,面部神经疼痛等症;珍珠粉可止血,消炎,解毒,生肌等,人们常用它滋阴养颜;用鳕鱼肝制成的鱼肝油,可治疗维生素A,D缺乏症;海蛇毒汁可治疗半身不遂及坐骨神经痛等。另外人们还从海洋生物中提取出了一些治疗白血病,高血压,迅速愈合骨折,天花,肠道溃疡和某些癌症的有效药物。

据计算,海洋所能为我们提供食品的能力是陆地的1000倍,仅位于近海水域自然生长的海藻,年产量已相当于目前世界年产小麦总量的15倍以上,如果把这些藻类加工成食品,就能为人们提供充足的蛋白质、多种维生素以及人体所需的矿物质,海洋中还有丰富的肉眼看不见的浮游生物,加工成食品,足可满足300亿人的需要,海洋中还有众多的鱼虾,真是人类未来的粮仓。

海洋占地球表面的71%, 蕴藏着80多种化学元素。其中,11种元素(氯、钠、镁、钾、硫、钙、溴、碳、锶、硼和氟)占海水中溶解物质总量99.8%以上,可提取的化学物质达50多种。有人计算过,如果将1立方千米海水中溶解的物质全部提取出来,除了9.94亿吨淡水以外,可生产食盐3052万吨、镁236.9万吨、石膏244.2万吨、钾82.5万吨、溴6.7万吨,以及碘、铀、

第三部分 全球环境状况与分析

金、银等。

由于海水运动产生海洋动力资源,主要有潮汐能、波浪能、海流能及海水因温差和盐差而引起的温差能与盐差能等。估计全球海水温差能的可利用功率达$100×10^8$千瓦。潮汐能、波浪能、河流能及海水盐差能等可再生功率在$10×10^8$千瓦左右。海水不但可以通过其热能和机械能等给我们电能,从海水中还可提取出像汽油、柴油那样的燃料——铀和重水。铀在海水中的储量十分可观,达45亿吨左右,相当于陆地总贮量的4500倍,按燃烧发生的热量计算,至少可供全世界使用1万年。

据科学勘察和推算,海底石油约有1350亿吨,占世界可开采石油储量的45%。目前,世界上公认,举世闻名的波斯湾,是世界上海底石油储量最丰富的地区之一。海底有大量的金属结核矿,其中锰2000亿吨,镍164亿吨,铜88亿吨,钴58亿吨,相当于陆地上储量的40~1000倍。

海洋面积辽阔,储水量巨大,因而长期以来是地球上最稳定的生态系统。由陆地流入海洋的各种物质被海洋接纳,而海洋本身却没有发生显著的变化。然而近几十年,随着世界工业的发展,对海洋生物资源的过度开发,气候变化及有害物质和活动所致的污染对海洋环境构成严重威胁,使局部海域环境发生了很大变化,并有继续扩展的趋势。

人类活动所产生的污染性气体,例如,由火力发电,工业生产以及汽车尾气所产生的二氧化碳气体,大约有48%被海水吸收,而这些气体也主要流入全世界10%的主要海洋中。一些火电厂还以燃煤为主,大量排出二氧化硫。这些生产出来的大部分污染性气体,没有直接流入大气层,而是被海水吸收了,对海洋造成了严重污染。研究人员警告说,这些气体进入海洋,大大加强了海水的酸性,将极大危害海洋生物,长此以往,后果将不堪设想。这些气体进入海洋后,很大程度上改变(破坏)了海洋生态系统原有的生态结构和化学成分,从长远看,这一点是更要命的。虽然多数的海洋生物能够游泳和行动,但是大面积的酸污染使他们很难逃离危险,酸性海水还可能对海洋生物的繁殖造成影响,有些生物(主要是大型动物)可能会迁徙到二氧化碳含量低的水域去,由此会造成海洋生态系统的混乱。

被称为海洋污染超级杀手的石油泄漏就是一个最大的污染问题。石油及其炼制品(汽油、煤油、柴油等)在开采、炼制、贮运和使用过程中进入海洋而造成的污染,称为海洋石油污染,也叫"黑色污染",是目前一种世界性的严重的海洋污染。"黑色污染"为什么会造成那么大的危害呢?因为大面积的石油覆盖在海面上,影响了大气中的氧气进入海洋,阻止了海洋对大气中二氧化碳的吸收,增加了发生温室效应的几率,海洋上存在的油膜会大大减少进入水中的太阳能,导致海洋中大量藻类和微生物死亡,海洋生态系统的食物链遭受到破坏,从而导致海洋生态系统的失衡。此外,石油会黏附在鱼卵和鱼鳃上,使鱼类大量死亡,许多海鸟因为翅膀黏附石油而不能飞行,被石油污染的鱼类大量死亡,或品质下降,并通过食物链影响人体健康。

据有关资料统计,每年通过各种途径泄漏在海洋的石油和石油产品约占世界石油总产量的0.5%,其中以油轮遇难造成的污染最为突出。每年经由各种途径进入海洋的石油及石油制品达600万吨左右。大规模的油污染导致大量生物因缺氧而死亡。

2010年著名的墨西哥湾原油泄漏事件更是对当地海洋生态造成了毁灭性的灾害,是一场史无前例的生态浩劫。海洋生态及漏油事故专家指出,墨西哥湾漏油事故结合了所有糟糕的因素:原油水溶性高;石油正源源不绝喷出海底;海湾正值海洋生物繁殖的脆弱时期;附近海岸线是难以清洗的沼泽地带。有人认为,与它带来的损害相比,2005年的5级飓风"卡特里娜"只是皮毛。路易斯安那州大学教授奥费顿表示,由于原油来自海洋深处,属较重的混合物。这种石油不像普通石油快速蒸发,而是容易与海水产生乳化作用,形成像巧克力慕斯般的黏稠物,难以被冲走或以火燃烧,也难以让"吃石油"的微生物吃掉,就连上佳的清理油污武器,也束手无策。

随着工业的发展及人口的增加,每天陆地上产生的污水和污物也在大量增加。这些污水污物进入海洋后,也给海洋的生态环境造成了极大的危害。比如,素有欧洲疗养胜地之称的黑海现已变成了一座巨大的污水池,其原因就是陆地上的大量污水源源不断地流进了黑海。

不少石油化工、冶金、制药厂,它们所排出的污水中往往含有较多的汞、镉、铜、铅等有毒重金属。沿海居民生活污水的排放也对海洋环境构成严重威胁。生活污水中含有大量有机物和营养盐,可引起海水中某些浮游生物急剧繁殖,大量消耗海水中的溶解氧。海水中氧气含量减少会使鱼、贝类等生物大量死亡。许多人认为,内陆地区和海洋没什么关系。而实际上,内陆的污染物会通过江河径流、大气扩散和雨雪沉降而进入海洋,可以说,海洋是陆上一切污染物的"垃圾场"。

对海洋环境的破坏,还有日常生活里的塑料袋、油料包装袋、农药,以至香烟头等,决不可低估它们的破坏。而海洋中的塑料垃圾主要有三个来源,一是暴风雨把陆地上掩埋的塑料垃圾冲到大海里;二是海运业中的少数人缺乏环境意识,将塑料垃圾倒入海中;第三就是各种海损事故,货船在海上遇到风暴,甲板上的集装箱掉到海里,其中的塑料制品就会成为海上"流浪者"。我们所消耗的每一片塑料,都有可能流入大海。仅是太平洋上的海洋垃圾就已达300多万平方公里,超过了印度的国土面积,如果再不采取措施,海洋将无法负荷,而人类也将无法生存。塑料袋、塑料瓶等塑料包装如今充斥着我们的生活,塑料已被英国某媒体评为20世纪"最糟糕的发明"。 而今,塑料的触角已经从陆地伸向海洋,在太平洋上就形成了一个面积有得克萨斯州那么大的以塑料为主的"海洋垃圾带"。得州是美国内陆面积最大的一个州,约70万平方公里。所以,当科学家提到"那个和得克萨斯州面积相当"的海上垃圾带时,很多美国人都不敢相信这是真的。

塑料垃圾不仅会造成视觉污染,还可能威胁航行安全。废弃塑料会缠住船只的螺旋桨,特别是被称为"魔瓶"的各种塑料瓶,它们会毫不留情地损坏船身和机器,引起事故和停驶,给航运公司造成重大损失。但更可怕的是,塑料垃圾对海洋生态系统的健康有着致命的影响。

海中最大的塑料垃圾是废弃的鱼网,它们有的长达几英里,被渔民们称为"鬼网"。在洋流的作用下,这些鱼网绞在一起,成为海洋哺乳动物的"死亡陷阱",它们每年都会缠住和淹死数千只海豹、海狮和海豚等。其它海洋生物则容易把一些塑料制品误当食物吞下,例如,海龟就特别喜欢吃酷似水母的塑料袋,海鸟则偏爱旧打火机和牙刷,因为它们的形状很像小鱼,可是当它们想将这些东西吐出来返哺幼鸟时,弱小的幼鸟往往被噎死。塑料制品在动物体内无法消化和分解,误食后会引起胃部不适、行动异常、生育繁殖能力下降,甚至死亡。

2008年的海洋垃圾监测统计结果表明,人类海岸活动和娱乐活动,航运、捕鱼等海上活动是海滩垃圾的主要来源,分别占57%和21%;人类海岸活动和娱乐活动,其它弃置物是海面漂浮垃圾的主要来源,分别占57%和31%。

海洋受到污染特别是受到有毒物质污染后,会直接或间接地破坏海洋生物的生存环境,进而引起海洋生物的急剧减少或大量死亡。据罗马尼亚海洋专家统计,1950年以前黑海里约有100万只海豚,80年代末期已减少到30万只,到1995年只剩下13万只。1986年黑海的鱼产量为90万吨,现在每年只能捕到10万吨。新英格兰的乔治浅滩海域,过去曾是渔业资源最丰富、鱼种最多的海域之一,但近30年来,这一海域的鱼类却在急剧减少,比如以前盛产的鳕鱼,到1997年其捕获量已减少了95%以上。在东大西洋,金枪鱼的数量自1975年以来已减少90%以上。2/3以上的海洋鱼类已被最大限度或过度捕捞,特别是有数据资料的25%的鱼类,由于过度捕捞,已经灭绝或濒临灭绝,另有44%的鱼类的捕捞已达到生物极限。

目前,污染最严重的海域有波罗的海、地中海、东京湾、纽约湾、墨西哥湾等。就国家来说,沿海污染严重的是日本、美国、西欧诸国和前苏联国家。我国的渤海湾、黄海、东海和南海的污染状况也相当严重。其中污染最严重的渤海,由于污染已造成渔场外迁、鱼群死亡、赤潮泛滥、有些滩涂养殖场荒废,一些珍贵的海洋生物资源正在丧失。

面对日益严峻的海洋资源的污染和破坏,第63届联合国大会在

第三部分 全球环境状况与分析

2008年12月5日通过第111号决议,决定自2009年起,将每年的6月8日确定为世界海洋日。希望各国政府和全世界公民认同海洋的巨大价值,各尽所能,确保各大洋的健康和活力,消除人类活动对海洋产生的破坏影响。

科学与人物

美国国家生态学分析与综合研究中心(NCEAS)的哈尔彭博士领导了一个由19名科学家组成的国际研究小组对世界海洋进行了研究,并绘制出首张"人类对海洋生态系统影响全球图",结果发现,几乎一半的海洋遭到人类活动的严重破坏,而且没有哪个地方没有被人类触及。这张世界地图把海洋分割成一平方公里为单位的区域,结果发现,41%的海洋被人类的17种活动严重破坏,未受影响的地方几乎没有,这比人们以前想象的要严重得多。

影响最严重的是不列颠岛附近海域,爱尔兰和苏格兰海岸附近的北海、英吉利海峡以及大西洋北部海域也遭受严重的生态破坏。受影响严重的海域还包括中国南部和东部海域、加勒比海、北美东海岸、地中海、红海、海湾、白令海以及大西洋西部的一些海域。

哈尔彭博士说:"情况并非不可逆转,只要采取紧急行动,我们的海洋就会得到保护,我们还有很大的希望空间。"世界各地的科学家对这一研究表示赞赏,认为这张海洋图让我们看到了问题的严重性,同时也在敦促人类行动起来,保护自己的家园。不过,降低人类活动对海洋的影响,不仅是科学家的事,也不仅仅是普通人的事,更主要的是各国政府决策者的事,应该尽快制定法律法规,采取切实有效的保护措施,把人类对海洋的影响降到最低。

5.生物多样性锐减

　　我们生活的地球大约有45亿年的历史,地球上生物的出现约有30多亿年的历史。经历几十亿年的发展进化,形成了当今世界形形色色的生物类群。据统计地球大约有500~5000万种生物,被人们记录的约170万种,其中微生物约10万种,植物30万种,动物130万种。每年都有不少生物新种被发现,也有许多生物被毁灭。

　　20世纪80年代以后,人们在开展自然保护的实践中逐渐认识到,自然界各个物种之间、生物与周围环境之间都存在着十分密切的联系,因此自然保护仅仅着眼于对物种本身进行保护是远远不够的,往往也是难于取得理想效果的。要拯救珍稀濒危物种,不仅要对所涉及的物种的野生种群进行重点保护,而且还要保护好它们的栖息地。或者说,需要对物种所在的整个生态系统进行有效的保护。在这样的背景下,生物多样性的概念便应运而生了。

　　生物多样性是地球最显著的特点之一,是人类社会赖以生存和发展的基础。对于居住在出产这些生物资源地区的人们来说是十分重要的。人们从自然界中获得薪柴、蔬菜、水果、肉类、毛皮、医药、建筑材料等生活必需品。大约80%的世界人口仍主要依赖从植物中获得的各种药材。在亚马孙河流域有2000多种动植物被作为药用,在中国,能够入药的物种多达5000多种。木材和动物粪便提供了尼泊尔、坦桑尼亚和马拉维主要能源需求的90%和其它一些国家的80%。在非洲,野生动物的肉制品在人们食物中占据了所需蛋白质的很高的比例;在尼日利亚为20%;博茨瓦纳为40%;扎伊尔为75%;在加纳大约75%的人口的蛋白质来源为动物,包括各种鱼类、昆虫和蜗牛。在美国西部,可从一种药鼠李的树皮中提取轻泻剂产品,十分的畅销,每年约为100万美元,而市场销售价更高达每年7500万美元。在1976~1984年期间,美国从生物资源方面获得的利润高达每年876亿美元。全世界每年的木材产值在750亿美元以上。在印度尼西亚,木材是第二大出口产品,地位仅次于石油。从1981~1983年,亚洲、非洲和南美洲出口的木材产品的价值为平均每年81亿美元。

生物多样性还在保持土壤肥力,保证水质以及调节气候等方面发挥了重要作用。生物多样性在大气层成分、地球表面温度、地表沉积层氧化还原电位以及PH值等方面的调控方面发挥着重要作用。现在地球大气层中的氧气含量为21%,供给我们自由呼吸,这主要应归功于植物的光合作用。在地球早期的历史中,大气中氧气的含量要低很多。据科学家估计,假如断绝了植物的光合作用,那么大气层中的氧气,将会由于氧化反应在数千年内消耗殆尽。

生物为人类提供了食物、纤维、建筑和家具材料及其他工业原料。无论哪一种生态系统,野生生物都是其中不可缺少的组成成分。在生态系统中,野生生物之间具有相互依存和相互制约的关系,它们共同维系着生态系统的结构和功能。野生生物一旦减少了,生态系统的稳定性就要遭到破坏,人类的生存环境也就要受到影响。就药用来说,发展中国家人口的80%依赖植物或动物提供的传统药物,以保证基本的健康,西方医药中使用的药物有40%含有最初在野生植物中发现的物质。就在不久以前,专家们在太平洋紫杉树和马达加斯加长春花中发现了用于治疗癌症的植物成分。也许,某一天我们能够从一株植物上发现杀死艾滋病病毒的植物成分。然而,对入药植物和动物的收获也并不都是好事。实际上,对这些植物、动物的需求导致这些物种濒危。传统药物用乌龟入药导致这个物种的极度衰落。我们反复地从地球的药柜中搜寻药物。我们需要保护生物多样性,以便大自然的药柜能够储有现存医药的成分,和未来我们需要抵制新的疾病时制造新药的所需成分。

近现代,生物多样性正遭受着前所未有的破坏,目前世界上每小时就有一个物种消失。消失的物种不仅会使人类失去一种自然资源,还会通过食物链引起其他物种的消失。生物多样性的锐减跟人为干扰有很大关系,由于人为导致不应该灭绝的物种灭绝,而且这些物种的灭绝会打破生态系统的平衡,从而带来人类生存环境的恶化。

20世纪50年代,在婆罗洲,许多达雅克人当时身患疟疾,世界卫生组织采取了一种简单的,也是直截了当的解决方法,喷射滴滴涕。蚊子死了,疟疾得到了控制,可是没过多久,大范围的后遗症就出现了。由于滴滴涕同时还杀死了寄生的小黄蜂,原来这种黄蜂是生物控制中吃屋顶茅草的毛虫的天敌,导致人们的屋顶纷纷倒塌。与此同时滴滴涕毒死的虫子后来成为壁虎的粮食,壁虎又被猫吃掉,滴滴涕无形中建立了一种食物链,对猫造成杀伤力,猫的数量减少又导致了老鼠大量繁殖起来。在其一手造成的有大规模爆发斑疹伤寒和森林鼠疫危险面前,世界卫生组织只得被迫向婆罗洲空降1.4万只活猫。

自然界的各种配置是极为协调而奇妙的。食肉类动物、食草类动物……哪一种动物以哪一种动物为食,哪一种动物是哪一种动物的天敌,天经地义。动物是人最亲密的伙伴,当动物因生态环境的恶化而被迫改变其食物链时,人类的灾难也不会太久远了。

据世界《红皮书》统计,20世纪有110个种和亚种的哺乳动物和139个种和亚种的鸟类在地球上消失了。16世纪以来,地球上灭绝的鸟类约150种,兽类95种,两栖及爬行类约80种。目前,世界上已有593种鸟、400多种兽、209种两栖爬行动物以及20000多种高等植物濒于灭

恐龙

绝。灵长目动物的处境尤其危险,这是因为它们赖以生存的热带雨林和生态系统每况愈下。尽管大多数灵长目动物在过去100年里顽强地生存了下来,但在今后20年里,估计其中的20%——约120种各类猿、猴将有可能遭到灭顶之灾。

物种丧失的速度比人类干预以前的自然灭绝速度要快1000倍。据联合国环境计划署估计,在未来的20~30年之中,地球总生物多样性的25%将处于灭绝的危险之中。在1990~2020年之间,因砍伐森林而损失的物种,可能要占世界物种总数的5~25%,即每年损失15000~50000个物种,或每天损失40~140个物种。2008年全世界有2496种动物,8457种植物受到灭绝威胁。根据世界资源保护联合会列出的2000年濒危物种红色名单,地球上大约有11046种动植物面临永久性从地球上消失的危险。在这份名单中,印尼、印度、巴西和中国被列入哺乳类和鸟类最受威胁的国家。中国的不少特有物种,如黑猩猩、蓝鲸、小熊猫、大熊猫、东北虎、华南虎、亚洲象、麋鹿、犀牛、藏羚羊、丹顶鹤、扬子鳄、中华鲟、水杉、银杏、红豆杉、阔叶苏铁、长白松等都面临灭绝威胁。

由于贪婪和对利润的欲望以及不断被更新的陋习的传播,使几乎每一种生物都躲不过人类的"利用",这是造成物种濒危乃至灭绝的重要因素。非洲大象,20世纪70年代末有130万头,到20世纪90年代初只剩下65万头。过度捕捞导致部分海洋生物灭绝或濒临灭绝,如蓝鲸只剩下原来的5%,座头鲸只剩下3%,黑犀牛、鳄鱼的数量也迅速减少。1992年,国际鸟类保护组织在一份报告中指出,世界鸟类的3/4数量减少或濒临灭绝。老虎是生物物种的骄子,目前已剩下不多了,面临灭绝的威胁。

目前,全球野生动物非法走私的规模仅次于军火和毒品,据《世界资源报告》估计,每年野生动物及其产品的年贸易值至少为50亿美元,这种贸易的1/4~1/3(即12.5亿~16.7亿美元)被认为是非法的,人们对不合法的野生动物及其产品买卖的关注集中在珍稀和濒危物种,受威胁最大的是犀牛、鳄鱼、大象、鹦鹉等。

由于野生动物的数量急剧下降,与人类社会需求的日益增长形成鲜明反差,促使野生动物的价格不断上扬,如非洲犀牛角由20世纪70年代初的1美元涨至1986年的2000~5000美元,高额利润是促成野生动物非法贸易的直接原因。

东北虎为我国国家一级保护动物,1994年尚存数量不足30只,国际上认为,我国的野生虎资源在生物学意义上已经灭绝。历时7年的吉林省虎、豹资源考察成果通过中科院、东北林业大学等国内知名专家的鉴定,确认吉林省东北虎现存数量为7~9只,金钱豹现存数量为4~7只。吉林省的虎、豹分布区由过去的5个缩减到现今的3个。现存的东北虎在大龙岭分布区有3~5只,哈尔巴岭分布区1只,张广才岭3只。金钱豹在大龙岭分布区3~6只,哈尔巴岭分布区1只。

1989年,世界著名生物学家和环境学家在西班牙首都马德里聚会,指出"全世界将有5000种动物在不长的时间内灭绝","20世纪上半叶,每隔五年有一种哺乳动物灭绝;20世纪下半叶,已加速到每两年就灭绝一种"。后来,人们把这称为"马德里警告"。

生物多样性锐减的另一个重要原因就是是生态系统在自然或人为干扰下偏离自然状态,生存环境破碎,生物失去家园。野生生物的生存在很大程度上依赖于其生存环境状况。生物的生存环境包括森林、草地、湿地等。由于人们的乱砍滥伐,热带雨林每年消失1130多万公顷。全球三大热带雨林(东南亚、中西非和拉丁美洲)的面积仅为原来的58%,美国佛罗里达州立大学的一项研究报告表明,2000年,拉丁美洲的森林面积缩小约为原来的52%,约15%的森林植物物种(约13600种)灭绝。特别是一些人为设施的建立,使得动物的活动受到限制,从而影响其觅食、迁徙和繁

滥杀野生动物

殖,而且植物的花粉和种子的散布也会受到影响。因而引起动植物种群数量下降并引起局部灭绝。同时由于环境的片断化,阳光、温度、湿度及风的变化,也会导致一些物种濒危、甚至灭绝。

外来物种入侵也对生物多样性造成了很大威胁。其入侵方式有三种:一是由于农林牧渔业生产,城市公园和绿化、景观美化、观赏等目的的有意引进或改进,如在滇池泛滥的水葫芦,转基因生物;二是随贸易运输旅游等活动传入的物种,即无意引进,如因船舶压仓水土等带来的新物种;三是靠自身传播能力或借助自然力而传入,即自然入侵,如在西南地区危害深广的紫茎泽兰、飞机草。在全球濒危物种植物名录中,大约有35%~46%是部分或完全有外来物种入侵引起的。2002年来自南美洲亚马逊河的食人鱼又名食人鲳在我国掀起轩然大波。其一旦流入某一水域达到一定规模时,可能会大量屠杀其他鱼类,给生态平衡和生物多样性带来危机,造成不可估量的损失。

生物克隆技术的发展,对生物种的基因保护具有十分重要的意义。例如,袋狼曾遍布澳大利亚和新几内亚,最后一只袋狼于1936年在澳大利亚动物园死亡,克隆技术的成熟使袋狼有了复活的希望。澳大利亚博物馆馆长迈克·阿奇在博物馆发现一只泡在酒精中的小袋狼标本,它是1866年被制成标本的。澳大利亚一所大学的高级基因学者迈克·韦斯特曼表示,如果资金足够,在不太远的将来袋狼就能克隆成功。我国大熊猫的克隆已经克服了第一个关键难题——胚胎培育,成功克隆大熊猫的日子不会很远。当然,我们不能依靠在实验室中制造生物来恢复多样性,而要保护自然界的生物。保护生物多样性就是保护人类自己。

科学与人物

据统计,全世界每天有75个物种灭绝,每小时有3个物种灭绝。

英国生态学和水文学研究中心的杰里米·托马斯领导的一支科研团队在最近出版的《科学》杂志上发表的英国野生动物调查报告称,在过去

40年中,英国本土的鸟类种类减少了54%,本土的野生植物种类减少了28%,而本土蝴蝶的种类更是惊人地减少了71%。一直被认为种类和数量众多,有很强恢复能力的昆虫也开始面临灭绝的命运。

科学家们据此推断,地球正面临第六次生物大灭绝。中国科学院动物研究所首席研究员、中国濒危物种科学委员会常务副主任蒋志刚博士也认为,从自然保护生物学的角度来说,自工业革命开始,地球就已经进入了第六次物种大灭绝时期。

自从6亿年前多细胞生物在地球上诞生以来,物种大灭绝现象已经发生过五次。

第一次物种大灭绝发生在距今4.4亿年前的奥陶纪末期,大约有85%的物种灭绝。

在距今约3.65亿年前的泥盆纪后期,发生了第二次物种大灭绝,海洋生物遭到重创。而发生在距今约2.5亿年前二叠纪末期的第三次物种大灭绝,是地球史上最大最严重的一次,估计地球上有96%的物种灭绝,其中90%的海洋生物和70%的陆地脊椎动物灭绝。

第四次发生在1.85亿年前,80%的爬行动物灭绝了。第五次发生在6500万年前的白垩纪,统治地球达1.6亿年的恐龙灭绝了。

前五次物种大灭绝事件,主要是由于地质灾难和气候变化造成的。

现在进行之中的第六次物种大灭绝,人类成为罪魁祸首。专家认为,人类是否会列入其中也很难说。蒋志刚博士也不否认,从进化论的角度来看,物种灭绝本是自然规律,比如,大熊猫种群目前就处于一种衰退的状态。但是,自从人类出现以后,特别是工业革命以来,人口不断地增加,需要的生活资料越来越多,人类的活动范围越来越大,对自然的干扰越来越多。如此这般,大批的森林、草原、河流消失了,取而代之的是公路、农田、水库……

美国杜克大学著名生物学家斯图亚特·皮姆认为,如果物种以这样的速度减少下去,到2050年,目前的四分之一到一半的物种将会灭绝或濒临灭绝。

6. 能源危机的警告

近段时间以来,国际油价的跌宕起伏牵动着世界各国的神经。据国际权威机构估计,世界已探明的可采石油,大约只可供应人类41年的需要,天然气为60~70年,煤炭约为200年,人类正面临能源危机对能源安全的威胁。

尽管地质勘探技术有了惊人的进步,但所探明新的石油储量明显减少,因为现有石油消费量同新勘探到的石油量的比例是4:1。不论是发达国家还是发展中国家,最终都会面临石油危机。在本世纪内,世界主要靠丰富的低价石油推动了经济车轮的前进,如果石油枯竭,那么世界经济将面临严峻挑战。《中东报》认为,到1997年底,开采石油已达8070亿桶,其中一半是在石油动荡的70年代开采的。根据保守的估计,石油储量不会超过8300亿桶。还有一些报告指出,世界石油总储量约达9950亿桶。目前,世界每年消费石油240亿桶,而新勘探出的石油越来越少,每年只有50亿桶。中东地区以外的石油储量正在下降。石油资源是有限的。

据美国石油业协会估计,地球上尚未开采的原油储藏量已不足两万亿桶,可供人类开采时间不超过95年。在2050年到来之前,世界经济的发展将越来越多地依赖煤炭。其后在2250到2500年之间,煤炭也将消耗殆尽,矿物燃料供应枯竭。

能源危机通常会使得经济休克。很多突如其来的经济衰退通常就是由能源危机引起的。这通常涉及到石油,电力或其他自然资源的短缺。事实上,电力的生产价格的上涨导致生产成本的增加。从一个消费者的角度看,汽车或其他交通工具所使用的石油产品价格的上涨降低了消费者的信心和增加了他们的开销。

在石油的各种用途中,目前为止最主要的需求来自于炼油厂的商业用途,主要是提供取暖和交通运输。石油的需要经常和北半球的季节交替相适应,冬季由于需要大量的取暖用油,所以需求量就很大。事实上,仅美国就占了全球60%的石油消费,在北美如果某个冬季特别寒冷就会极大地影响到全球油价。

事实上,能源危机由来已久。20世纪下半叶就有三次比较大的石油危机。

第一次石油危机(1973年~1974年),又称1973年石油危机。由于1973年10月中东战争爆发,石油输出国组织为了打击对手以色列及支持以色列的国家,宣布石油禁运,暂停出口,造成油价上涨。当时原油价格曾从1973年的每桶不到3美元涨到超过13美元。原油价格暴涨引起了西方发达国家的经济衰退,美国GDP增长下降了4.7%,欧洲的增长下降了2.5%,日本下降了7%。保守估计,此次石油危机至少使全球经济倒退两年。

第二次石油危机(1979年~1980年),又称作1979年石油危机,发生在1979年至80年代初,伊朗爆发伊斯兰革命,而后伊朗和伊拉克爆发两伊战争,原油日产量锐减,国际油市价格飙升,当时原油价格从1979年的每桶15美元左右最高涨到1981年2月的39美元。第二次石油危机再次引起了西方工业国的经济衰退,以美国为例GDP增长率由1978年的5.6%下降到1980年的3.2%,直至1981年0.2%的负增长。

第三次石油危机(1990年)因海湾战争而爆发。1990年的海湾战争是一场彻彻底底的石油战争。当时3个月内原油从每桶14美元,涨到突破40美元。但高油价持续时间并不长。时任美国总统的老布什表示,如果世界上最大石油储备落入萨达姆的控制中,那么美国人的就业机会、生活方式都将蒙受灾难。海湾石油是美国的"国家利益"。与前两次石油危机相比,第三次石油危机对世界经济的影响要小得多,但使1991上半年欧美旅游生意相应减少。

总的来说,这几次石油危机都具有共同的特征,那就是都对处于上升循环末期,即将盛极而衰的全球经济造成严重冲击。历史上的几次石油价格大幅度攀升都是因为欧佩克供给骤减,使市场陷入供需失调的危机中。

20世纪50年代以后,由于石油危机的爆发,对世界经济造成巨大影响,国际舆论开始关注起世界"能源危机"问题。许多人甚至预言:世界石油资源将要枯竭,能源危机将是不可避免的。如果不做出重大努力去利用和开发各种能源资源,那么,人类在不久的未来将会面临能源短缺的严重问题。

由于石油的特殊性,因此,石油可以作为武器。2006年的俄乌油气之争是这个最好的例子。2006年乌克兰发动颜色革命,妄图从独联体内分离出去,在俄罗斯看来这是不可原谅的,便停止对乌克兰的天然气供应,使乌克兰在冬天极不好过,这也影响到了欧洲,欧盟对俄罗斯的油气依赖会变为政治风险进行了多场辩论。这场不见血的战争让"某些政治家会感到脊背上冷汗直流",让西方感到了一个"油气沙皇"的崛起……

这场战争对于中国更有非同一般的意义,预计到2015和2020年,中国石油净进口率将达到57.4%和59.7%,超过了石油安全的极限。如果真的发动战争,美国与一些西方国家很有可能会以能源来打击中国……

众所周知,自从三次科技革命以来,能源成为了国家经济的命脉,而地球上的能源是有限的。于是,在各个大国之间引发了一些与石油有关或纯粹是为了石油的战争。为了争夺对世界资源与能源的控制权,导致了两场世界大战的爆发。一战中31个国家,15亿人口卷入了战争,伤亡人数达3100万,其中死亡1000万人,军费支出与战争损失共计3877亿美元。二战中这个数字成倍增长,7年的战争中有60个国家参与,总伤亡人数达9000万人,死亡了500万人,直接军费支出1117亿美元,物质损失3万亿美元。冷战后美苏两个超级大国为了争夺资源与能源展开了40多年的冷战。石油战争永无宁日,刀光剑影,能源博弈将愈演愈烈。

能源是人类社会发展的重要基础资源。但由于世界能源资源产地与能源消费中心相距较远,特别是随着世界经济的发展,世界人口的剧增和人民生活水平的不断提高,世界能源需求量持续增大,由此,导致对能源资源的争夺日趋激烈,环境污染加重和环保压力加大。近几年出现的

"油荒"、"煤荒"和"电荒"以及前一阶段国际市场超过50美元/桶的高油价,加重了人们对能源危机的担心,促使我们更加关注世界能源的供需现状和趋势。

随着世界经济规模的不断增大,世界能源消费量持续增长。自19世纪70年代的产业革命以来,化石燃料的消费量急剧增长。初期主要是以煤炭为主,进入20世纪以后,特别是第二次世界大战以来,石油和天然气的生产与消费持续上升,石油于20世纪60年代首次超过煤炭,跃居能源的主导地位。虽然20世纪70年代世界经历了两次石油危机,但世界石油消费量却没有丝毫减少的趋势。

由于中东地区油气资源最为丰富,开采成本极低,中东能源消费的97%左右为石油和天然气,该比例明显高于世界平均水平,居世界之首。在亚太地区,中国、印度等国家煤炭资源丰富,煤炭在能源消费结构中所占比例相对较高,其中,中国能源结构中煤炭所占比例高达68%左右,故在亚太地区的能源结构中,石油和天然气的比例偏低(约为47%),明显低于世界平均水平。除亚太地区以外,其他地区石油、天然气所占比例均高于60%。

有人担心第四次能源危机。"能源"一词,在世界各种语言中都含有"力量"、"能量"的意思,正是能源带来的力量推动着机器,推动着工农业发展,推动着人类文明的发展。能源危机和能源恐慌成了近代产物,威胁到了人类的文明发展。在使用木柴和煤炭的时代,人类还"幼稚"得没有能源和能源短缺的概念。在人类消费石油150多年的历史中,也是最近这些年才开始好好计算石油还能用多少年的。

这种焦虑很快在市场中得到体现。过去30多年,全球已发生过3次公认的世界性能源危机。自去年以来,油价飙升,已达历史高位,许多人惊呼"第四次能源危机"已经开始。瑞典福斯马克核电站的工程师佩尔尤尔斯在接受《环球时报》记者采访时担心地说,从目前情况看,森林的成材速度跟不上人口的出生率,水电的开发也受到地域的限制;而煤炭、石油等不可再生资源,即使人类小心翼翼地开发,也总有枯竭的一天。从人类文明的发展速度看,新能源更新的频率正变得越来越快,比如,木材被人类用了几万甚至几十万年,而煤炭的使用则仅有上千年的历史,到了石油时代,持续不过上百年,石油危机就已经几次给世界带来了恐慌。可目前的情况是,人类在石油用尽以前,并没有绝对把握找到新的可替代能源,像生物能源刚刚流行几年,便由于全球性的粮食危机,遭到了众多质疑。

目前,世界一些工业化国家都在采取节能措施,并积极地开发新能源。太阳能、地热能、风能、海洋能、核能以及生物质能等存在于自然界中的能源被称作"可再生能源",由于这些能源对环境危害较少,因此又叫做"绿色能源"。开发绿色能源是解决能源危机的重要途径。利用再生能源产生电力由于成本昂贵与过度分散不便使用。

裂变核能至今已有了很大发展。裂变核电站及核电设备制造,在日本、法国、韩国等国已成为其能源工业的重要支柱。不过,裂变核电站有很大的缺点,核燃料的生产过程以及裂变电站产生的核废料危害性较大。

世界能源危机是人为造成的能源短缺。石油资源将会在一代人的时间内枯竭。它的蕴藏量不是无限的,容易开采和利用的储量已经不多,剩余储量的开发难度越来越大,到一定限度就会失去继续开采的价值。在世界能源消费以石油为主导的条件下,如果能源消费结构不改变,就会发生能源危机。煤炭资源虽比石油多,但也不是取之不尽的。代替石油的其他能源资源,除了煤炭之外,能够大规模利用的还很少。太阳能虽然用之不竭,但代价太高,并且在一代人的时间里不可能迅速发展和广泛使用。其他新能源也如是。因此,人类必须估计到,非再生矿物能源资源枯竭可能带来的危机,从而将注意力转移到新的能源结构上,尽早探索、研究、开发、利用新能源资源。否则,就可能因为向大自然索取过多而造成严重的后果,以至使人类自身的生存受到威胁。

科学与人物

据澳大利亚广播公司(ABC)报道,科学家已经找到了一种从水果的糖分中提取化学物的新方法,可以把同量的玉米等植物添加到石油中,降低人们对石油产品的依赖。美国麦迪逊市威斯康星州大学教授詹姆士·杜迈斯克、宇力·罗曼·勒斯库夫和同事一起在《科学》杂志上详细报道了这一新发现。他说:"用生物产品代替石油产品的好处是,加工生物产品过程中释放的气体是一种中和的温室气体。"他表示,以植物为基础的产品最终分解或作为燃料燃烧后,不会向大气中释放额外的二氧化碳。这种方法首先要液化糖和水,然后向混合物中添加一种催化剂。接下来,他们把这种物质与一种有机溶液混合,加热到180摄氏度。在这个过程中,糖失去三个水分子,失去的水分子渗入其他水中。剩余物质变成一种化学物品——羟甲基糠醛(HMF)。羟甲基糠醛的外表以及化合方式与以石油为基础的化学分子相似,可以与不同化合物结合,制成塑料和燃料。

英国顶尖科学家、英国皇家化学学会首席执行官理查德·派克博士称,全球能源中,80%是石化能源,10%来自生物能源,7%来自核能源,只有3%来自比较先进的新能源和可再生能源。其中,10%的生物能源中,只有1%—2%是一些比较高端的生物能源,其余的都是生物柴油、生物汽油等。也就是说,可再生能源对能源的贡献也只有5%左右,3%来自于光伏,2%来自于生物能源。

电力是非常绿色的一种能源。在法国,80%电力是由核电站所供给的,在英国,大部分电力则来自煤炭、天然气和石油,这时候电力就不是一种绿色能源。在这种情况下,用电动车代替传统汽车没有太多的优势。

另外,回到电能储存的问题,我们都是用锂电池来进行储存的。如果在中国或者全世界有几百亿辆电力车,对锂电的需求就会非常大,而全球的锂电供给是非常有限的。现在我们直接回答一下你的问题,如果从年限来讲,如果是像法国这样电力本身是清洁能源的国家,也许只需要10年;而像英国,可能需要几十年甚至一百年。

7. 化学污染与核污染

人们发现,从20世纪60年代开始广泛应用于工、农业中的各种化学制剂、化肥、高效杀虫剂对环境的污染,导致了人类生殖力下降,这些化学物质能够干扰人类雌雄激素分子。据统计,到20世纪末的50年间,男性的精子数量减少了50%,由于化学有机污染物的慢性长期摄入,造成的潜在食源性危害已成为人们关注焦点,包括农药残留、兽药残留、霉菌毒素、食品加工过程中形成的某些致癌和致突变物(如亚硝胺等)以及工业污染物,如人们所熟知的二恶英等。甚至有人认为,人类如果不加以控制,最后会被自己创造的化学物质所消灭。

人们最为关注的是那些对生物有急慢性毒性、易挥发、在环境中难降解、高残留、通过食物链危害身体健康的化学品,他们对人体有致癌、致畸、致突变的危害。像"三聚氰胺事件"、"苏丹红事件",这些已知的化学污染事件,至今回想起来,依然让我们胆战心惊。

研究表明,约有140多种化学品对动物有致癌作用,确认对人的致癌物和可疑致癌物约有40多种。人类患肿瘤病例的80%—85%与化学致癌物污染有关。致畸、致突变化学品污染物就更多了。一项人类流行病学调查显示,人类的生殖内分泌障碍包括激素水平改变,生殖器畸形、精子活力降低或数量减少,发育异常及某些癌症如乳腺癌、睾丸癌、卵巢癌等与化学污染有非常密切的关系。

化学品污染对人类生育能力和男女性别比例的影响已经显现。有害的化学物质藏匿在食品包装、化妆品、儿童爽身粉、家具、电子产品中,成为干扰荷尔蒙的隐形杀手。研究报告显示,近年来,野生动物和人类接触到的新化学品超过了10万种。不久前,美国有研究显示,那些怀孕期间接触常见化学物质的女性,生下的男婴生殖器短小,或者拥有女性化的生殖器。暴露在多氯联苯(PCB)中的孕妇生下的男婴,长大后更倾向于玩洋娃娃和摆弄茶具,而不是男孩子通常的舞刀弄棒。而在加拿大、意大利、俄罗斯等被性别扭曲化学品严重污染的地区,女孩的出生率是男孩的两倍。仅在美国和日本,就有25万女婴"本该"是男婴。

2010年10月4日,匈牙利铝生产销售公司位于维斯普雷姆州奥伊考的有毒废水池决堤,大量有毒废水流入附近的7个村镇,许多房屋被淹,农田被毁,附近一些小河流的生物几乎全灭绝。此次毒水泄漏事故已造成9人死亡,7人失踪、120人受伤。在肆虐附近的村镇后,有毒废水目前已流入多瑙河。据了解,泄漏的有毒废水数量几乎与不久前美国墨西哥湾泄漏原油的数量相当,欧洲地区人人自危。

其实,这样恐怖的事情几乎天天在世界各地上演,中国也不能幸免。突发性污染事件屡见不鲜,而且许多环境突发事件,都涉及石油和化工企业,2010年7月中旬,大连石油泄漏,造成附近海域大面积污染;7月末,吉林市1000多只化工厂有机硅原料桶被洪水冲入松花江造成污染等。国庆节前夕,广东信宜市紫金矿业银岩锡矿尾矿库发生溃坝,废水流入黄华河,导致该河下游流域死鱼10多万千克。有毒水质一旦流入江河,其危害可以瞬间扩散,而且贻害无穷。但人们本已脆弱的神经还要经受更大的恐惧,排入环境中的有毒化学物质究竟有多少,这个问题居然没有人说得清。

据环保部门在全国进行的拉网式排查结果显示,我国目前拥有规模以上的化工企业大约有2.1万家,其中在长江、黄河沿岸分布的就占了50%以上。这些企业一旦发生事故,后果都是灾难性的。

作为新能源的核能源,被称作是一种清洁、高效和相对安全的能源。但就是这种清洁、安全的能源正因为不断的泄露事故对环境及人类自身带来了一场场毁灭性的灾难。

核污染危害范围大,对周围生物破坏极为严重,持续时期长,事后处理危险复杂。核爆炸产生的放射性核素可以对周围产生很强的辐射,放射性沉降物还可以通过食物链进入人体,在体内达到一定剂量时就会产生有害作用。人会出现头晕、头疼、食欲不振等症状,发展下去会出现白细胞和血小板减少等症状。如果超剂量的放射性物质长期作用于人体,就能使人患上肿瘤、白血病及遗传障碍。

放射性物质不仅沉降在爆炸点附近,还能飘落到非常遥远的地方,而且它对环境的辐射污染时间相当长,几千年甚至上万年都不会消失。核子武器爆炸后,通常是以三种杀伤为主:光辐射、冲击波、核辐射。核子武器爆炸瞬间发出的强光会使眼睛出现暴盲、失明。

二战时广岛原子弹爆炸时产生的强烈光波,使成千上万人双目失明。10亿度的高温使得一切化为乌有;放射雨使一些人在以后20年中缓慢地走向死亡;建筑物有半成以上都被不同程度的摧毁。悲剧发生之前,广岛人口为34万多人,靠近爆炸中心的人大部分死亡,当日死者计8.8万余人,负伤和失踪的为5.1万余人,即使是幸存者也饱受癌症、白血病和皮肤灼伤等辐射后遗症的折磨。美国的"原子弹之父"奥本海默在首次核爆后便感叹:"我是世界的毁灭者"。

1986年4月26日,当地时间1点24分,苏联的乌克兰共和国切尔诺贝利核能发电厂发生严重泄漏及爆炸事故。事故导致31人当场死亡,上万人由于放射性物质远期影响而致命或重病,至今仍有被放射线影响而导致畸形胎儿的出生。

外泄的辐射尘随着大气飘散到前苏联的西部地区、东欧地区、北欧的斯堪地维亚半岛。乌克兰、白俄罗斯、俄罗斯受污染最为严重,由于风向的关系,据估计约有60%的放射性物质落在白俄罗斯的土地。在白俄罗斯4.6万平方公里1350万人口中,有150万人生活在受放射性物质影响的地区,其中40多万是儿童,这些儿童

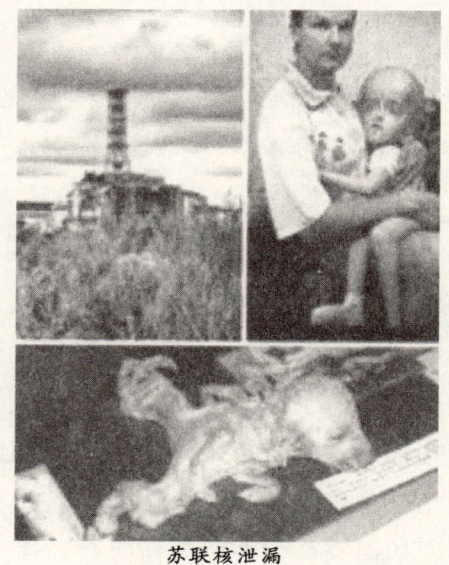

苏联核泄漏

中有十分之一患有各种放射病。核尘埃几乎无孔不入,核放射对乌克兰地区数千万平方公里的肥沃良田都造成了污染。乌克兰共有250多万人身患各种疾病,其中包括47.3多万名儿童。

堵住污染源头是一项艰巨的任务,而清除核辐射尘埃则是另一项艰巨的任务。一年之后,切尔诺贝利核泄漏事故中最先遇难的核电站工作和消防员被转移在莫斯科一处公墓内,安葬他们用的是特制的铅棺材,因为他们的遗体成为了足以污染正常人的放射源。

这次核爆炸是二战以来最大的核灾难。有5.5万人在抢险救援工作中死亡,15万人残废,并且还造成了大量的生态难民。据有关数据统计显示:有15万平方公里的苏联领土受到了直接污染,其中乌克兰26个州中12个州的4.4万多平方公里的土地受到核污染,300万人受害。由于有大剂量放射性碘的严重侵害导致约15万人的甲状腺受损,儿童得白血病的比率高出正常标准二至四倍。畸形婴儿大量出现,也是由于辐射物质导致人体染色体变异的结果。

由原子炉熔毁而漏出的辐射尘飘过俄罗斯、白俄罗斯和乌克兰,也飘过欧洲的部分地区,例如:土耳其、希腊、摩尔多瓦、罗马尼亚、立陶宛、芬兰、丹麦、挪威、瑞典、奥地利、匈牙利、捷克、斯洛伐克、斯洛文尼亚、波兰、瑞士、德国、意大利、爱尔兰、法国(包含科西嘉)和英国。

此事故引起大众对于前苏联的核电厂安全性的关注,事故也间接导致了苏联的解体。苏联解体后独立的国家包括俄罗斯、白俄罗斯及乌克兰等每年仍然投入经费与人力致力于灾难的善后以及居民健康保健。因事故而直接或间接死亡的人数难以估算,且事故后的长期影响到目前为止仍是个未知数。

截止2006年,还有超过150万俄罗斯人住在受切尔诺贝利核电站事故污染的土地上,其中有人还在吃受放射性污染的食物。联合国卫生机构评论说,大约9300人可能死于由放射性污染引起的癌症。官方的统计结果是,从事发到目前共有4000多人死亡。但是绿色和平组织,基于白俄罗斯国家科学院的数据研究发现,在过去20年间,切尔诺贝利核电站事故受害者总计达900多万人，随时可能死亡。因此，绿色和平组织认为，切尔诺贝利核电站泄漏造成的死亡人数比官方统计的结果多了至少9万人，这个数字是官方统计数字的20倍。

迄今为止，人们仍然没有摆脱核污染，通过对核电站周围45~140公里范围内采集的蘑菇进行化验，研究人员发现90%的蘑菇中放射物质的含量达到4200贝可勒尔以上，超过国际标准10多倍。专家们说，至少还需要一百年才能消除这次核灾难造成的核污染。切尔诺贝利核电站曾经是苏联人的骄傲，现在却是人类心中的一个无法抹去的伤痛。2000年12月15日13时15分，乌克兰总统下令彻底关闭切尔诺贝利核电站。核电站虽然关闭了，但这场"20世纪最大的人间悲剧"并没有画上句号，这个沉重的负担却会被人类一直背着走下去。据估计，完全消除这场浩劫对自然环境的影响至少需要800年，而持续的核辐射危险将持续10万年。

以史为鉴，我们更要警惕我们身边的核污染。有专家表示，中国放射事故发生的可能性高出美国20倍。

长沙湘和化工厂排放出的污染物造成这一区域土壤镉污染，污染范围内的食用农作物不同程度收到污染。据当地村民介绍，今年4月中下旬至5月上旬，周边40多个村镉超标，最高超标4倍。已出有效检测结果2888人中尿镉超标509人。截止7月，共已检测水样622个，均未检出镉超标。500-1200米范围内已体检对象中，尿镉及β2微球蛋白均超标、符合住院条件者33人，已有25人送省劳卫所住院治疗。

能够长期保存并且不希望发生变化的食品，目前已经越来越多地应用辐照技术进行处理了。但是，几乎很少有消费者知道，自己吃的食品可能就是被辐照过的。此次事件虽已平息，但是辐照食品对人类的健康是否有影响，就像转基因食品一样在世界上是有争议的。

化学污染和核污染已经渗透到我们生活的方方面面，最通俗地讲，它们能致生物变畸形，同时改变生物的遗传性能，最终造成生物的灭绝。严峻的形势已经摆在我们面前，如果我们再不加以警惕，或许包括人类在内的诸多物种，在未来的某一天，真的会像恐龙一样永远在地球上消失。

逃离地球——当科学遭遇末日预言

> 科学与人物

据中新社报道,一种名叫异常球菌的细菌以其超强的抗辐射能力而被微生物专家誉为"世界上最坚韧的生物体",据说即使是原子弹爆炸也奈何不了这种细菌。日前,美国马里兰州贝塞斯达的军事保健理工大学的科学家实施了一项生物基因工程——将异常球菌培养成"超级细菌",这样它们就可以吞噬和消化核原料留下的有毒物质。

科学家们称,"超级细菌"使用价值很高,它可以被用于保护核设施附近的环境,以解除重金属、放射性核废料和其它有害物质对土壤和地下水的侵蚀。

这项生物基因工程是在马里兰州贝塞斯达的军事保健理工大学进行的,工程由该校的迈克尔·戴利教授负责,目前仍处于实验室测试阶段。

经过基因移植的异常球菌具备了超强的抵抗汞的能力,它的抗伽马射线的能力也达到了1500万德拉,是足以致普通人于死命的辐射量的3000倍。实验室的报告称,在遭到埋藏点常见的核废料的辐射时,"超级细菌"自身的拉力就会增强,辐射对其没有伤害。

"超级细菌"的主体异常球菌是一种粉红色的细菌,它的气味像腐烂的垃圾。1956年,人类首次在罐装的肉罐头中发现了它。微生物学家对其经过研究后确定,异常球菌已经有20亿岁的高龄,是地球上存在的最早的生命形式。科学家还认为,远古时期地球上的核辐射一定比现在高得多,所以,异常球菌在恶劣的生存环境中具备了超级的抗辐射能力。

2010年9月,据香港《星岛日报》报道,古巴革命领导人菲德尔·卡斯特罗,呼吁科学家们行动起来进行反核宣传,使人类避免核战争带来的悲剧。

卡斯特罗14日出席美国科学家在哈瓦那举行的关于核灾害的讲座时指出,世界正面临核战争的严重威胁,呼吁科学界勇敢地站出来进行反核宣传,让反对核战争的理念深入人心,使人类避免核战争带来的悲剧。他感谢美国科学家艾伦·罗博克应他的邀请举办这个讲座,强调古巴将会在世界上致力于反核宣传。

自2010年7月以来,卡斯特罗开始频频公开露面,并发表讲话,呼吁世界共同努力,避免爆发核战争。

8.温室效应的解读

在过去的一个世纪里,全球表面平均温度上升了0.3至0.6摄氏度,海平面上升了10至25厘米。目前地球大气中的二氧化碳浓度已由工业革命(1750年)之前的280ppm增加到了近360ppm,增加了31%。近百年来,由于人类活动而排放到大气中的二氧化碳每年大约30亿吨。政府间气候变化小组发表的评估报告表明:如果世界能源消费的格局不发生根本性变化,到这个世纪中叶,大气中的二氧化碳浓度将达到560ppm,全球平均温度可能上升1.5至4摄氏度。

目前,科学家们对"温室效应"已取得三点共识:一是自工业革命以来,全球平均气温上升了0.5℃;二是同期大气中二氧化碳的含量增加了31%左右;三是如果二氧化碳含量达到工业革命前的2倍(可能发生在2030年),全球的平均气温可能会升高1.5℃~4.5℃。

英国政府公布的一份报告称,如

温室气体排放

果各国政府在未来10年内不采取行动遏制"温室效应",全球将为此付出高达6.98万亿美元的经济代价,这将超过一战、二战和上世纪30年代的美国经济大衰退付出的代价,而且还会造就两亿"环境难民"。

如果继续忽视"温室效应"导致全球气候变暖,从而造成环境进一步恶化,人类有可能再次面临类似上世纪30年代的全球性经济大衰退,全球将有两亿人会因为干旱或食物短缺而成为难民。气温升高还会引起和加剧传染病流行等。以疟疾为例,过去5年中世界疟疾发病率已翻了两番,现在全世界每年约有5亿人得疟疾,其中200多万人死亡。

全球气温升高将会使地球的气候带向南北两极方向推移,导致全球大气紊乱,引发大规模环境灾难。北半球的冬季将变得短而湿润,夏季将变得长而干燥,亚热带地区将更干燥,而热带地区将比现在更湿润。由于海洋产生更多的热量和蒸发更多的水分,气流速度加快,热带风暴的能量将比现在增加50%,地震、火山爆发、台风飓风、暴风雪、寒潮、干旱、洪水、尘暴等灾害将频繁发生。世界环境与发展委员会主席布伦特兰夫人说:"气候变化是人类面临的除核战争外的最大威胁。"它不仅危及人类的生存,也威胁地球的未来。

全球平均增温1.0℃-3.5℃不均匀,分布于世界各地,而是赤道和热带地区不升温或几乎不升温,升温主要集中在高纬度地区,数量可达6℃-8℃甚至更大。这一来便引起另一严重后果,即两极和格陵兰的冰盖会发生融化,引起海平面上升。北半球高纬度大陆的冻土带也会融化或变薄,引起大范围地区沼泽化。

科学家预测,今后大气中二氧化碳每增加1倍,全球气温将升高3℃—5℃,两极地区可能升高10℃,气候将明显变暖。气温升高,将导致某些地区雨量增加,某些地区出现干旱,飓风力量增强,出现频率也将提高,自然灾害加剧。20世纪60年代末,非洲撒哈拉牧区曾发生持续6年的干旱。由于缺少粮食和牧草,牲畜被宰杀,饥饿致死者超过150万人。这是"温室效应"给人类带来灾害的典型事例。

此外,研究结果还指出,二氧化碳增加不仅使全球变暖,还将造成全球大气环流调整和气候带向极地扩展。包括我国北方在内的中纬度地区降水将减少,加上升温使蒸发加大,因此,气候将趋干旱化。大气环流的调整,除了中纬度干旱化之外,还可能造成世界其他地区气候异常和灾害。全球降雨量可能会增加。但是,地区性降雨量的改变则仍未知道。某些地区可能有更多雨量,但有些地区的雨量可能会减少。温度的提高会增加水份的蒸发,这对地面上水源的运用带来压力。例如,低纬度台风强度将增强,台风源地将向北扩展等。

更令人担忧的是,由于气温升高,将使两极地区冰川融化,海平面升高,许多沿海城市、岛屿或低洼地区将面临海水上涨的威胁,甚至被海水吞没。海平面上升对人类社会的影响是十分严重的。如果海平面升高1米,直接受影响的土地约$5×10^6$千米,人口约10亿,耕地约占世界耕地总量的1/3。如果考虑到特大风暴潮和盐水侵入,沿海海拔5米以下地区都将受到影响,这些地区的人口和粮食产量约占世界的1/2。一部分沿海城市可能要迁入内地,大部分沿海平原将发生盐渍化或沼泽化,不适于粮食生产。同时,对江河中下游地带也将造成灾害。当海水入侵后,会造成江水水位抬高,泥沙淤积加速,洪水威胁加剧,使江河下游的环境急剧恶化。沿岸沼泽地区消失肯定会令鱼类,尤其是贝壳类的数量减少。河口水质变咸,会减少淡水鱼的品种数目,相反该地区海洋鱼类的品种也可能相对增多。至于整体海洋生态所受的影响仍不能清楚知道。

而位于南美洲,全世界面积最大的热带雨林——亚马逊雨林正渐渐消失,让全球暖化危机雪上加霜。号称地球之肺的亚马逊雨林涵盖了地球表面5%的面积,制造了全世界20%的氧气及30%的生物物种,由于遭到盗伐和滥垦,亚马逊雨林正以每年7700平方英里的面积消退,相当于一个新泽西州的大小,雨林的消退除了会让全球暖化加剧之外,更让许多只能够生存在雨林内的生物,面临灭种的危机,在过去的40年,雨林已经消失了两成。

世界银行的一份报告显示,即使海平面只小幅上升1米,也足以导致5600万发展中国家人民沦为难民。而全球第一个被海水淹没的有人居住岛屿即将产生——位于南太平洋国家巴布亚新几内亚的岛屿卡特瑞岛，现在岛上主要道路水深及腰，农田也全变成烂泥巴地。

穿着传统服饰向来乐天知命的卡特瑞岛人，几百年来遗世独立，始终保持着传统生活模式，但他们却因人类对环境的破坏造成全球暖化，令他们将面临被海水淹没的命运。卡特瑞岛环保人士保罗塔巴锡说："他们已经持续被海洋力量攻击，还有持续不断的洪水，原有的地区都被改变了，被破坏殆尽，几乎所有的地方都被海水淹没了。"不堪的是，这招致蚊子、苍蝇丛生，疟疾肆虐。专家预测，过不了几年，卡特瑞岛将被完全淹没在海里，全岛居民迁村撤离势在必行。

科学家预测：如果地球表面温度的升高按现在的速度继续发展，到2050年全球温度将上升2℃—4℃，南北极地冰山将大幅度融化，导致海平面大大上升，一些岛屿国家和沿海城市将淹于水中，其中包括几个著名的国际大城市：纽约、上海、东京和悉尼。威尼斯、香港、里约热内卢、东京、曼谷、纽约等海滨大城市也将被海水吞没。

据联合国气象组织的报告：到2050年海平面将平均上升50厘米，到2100年海平面将上升1米。目前世界大约1/3人口生活在沿海岸60千米的范围内，世界35个大城市中，有20个是临海的港口城市。荷兰2/3的国土将被淹没，低海拔的岛国塞舌尔将面临灭顶之灾，孟加拉、荷兰、埃及等国也将难逃厄运。汤加、马尔代夫群岛、澳大利亚大堡礁、美国夏威夷群岛、瑙鲁、基里巴斯等这些美丽的风景将永远地消失于海底。

海平面的上升对中国沿海地区影响非常严重，广州、上海、天津和营口所在我国四个大三角洲还原区的沿海部分非常低洼，海拔高度只有1米~2米。如果海平面上升1米而不加防护，则海水将淹没到3米~4米的高度处。海水深入内陆的最大范围，将影响珠江三角洲、长江三角洲、华北平原和辽河平原。淹没总面积约达92000平方千米，远大于奥地利的国土面积，或两个荷兰的国土面积，将淹没大小城市70多座，包括上海、天津、广州、营口在内，整个崇明岛将消失，太湖将与东海连成一片。所影响的人口约6437万，全国将淹没的面积在12.5万平方公里以上，受影响的总人数达7000多万,即便海平面只上升0.5米,至少也将淹没总面积的60%以上。

过去一年里,我国沿海海平面继续保持明显的上升趋势,并且平均升高2.6厘米。专家预计,今年我国沿海海平面将继续保持明显的上升趋势,升高幅度在1厘米~4厘米之间。

由于气候变暖的影响,我国珠穆朗玛峰的顶峰下降了1.3米。祁连山冰川缩减危及河西走廊。近年来,祁连山冰川融化比上个世纪70年代减少了大约10亿立方米,冰川局部地区的雪线正以年均2米~2.6米的速度上升。

研究显示,上个冬季,整个北极海冰的平均厚度,与前5个冬季的平均厚度相比,变薄了26厘米。北极西部的海冰厚度甚至损失49厘米,一些研究人员称,夏天冰盖可能在10年内消失。一个无冰的北极,至少在夏季,日益成为可能。而无冰的北极,在近一百万年都没有出现过。

科学家借助卫星图像证实,南极威尔金斯冰架边缘的一块巨大冰川逐渐断裂入海。这块冰川面积约415平方公里,已形成数百年至1500年,今年2月起出现融化和从冰架崩离的迹象。科学家警告说,这一罕见现象是全球气候变暖的结果。

北极熊整个大家族的生存、繁殖都受到了全球变暖的影响。作为对单一生存环境有着高度依赖的生物,北极熊的整个生命周期都与浮冰紧紧联系在一起。夏季无冰期的延长,从短期来看是一场饿灾,从长远来看,很可能把这个本来就不大的种群推向灭绝的边缘。

广袤的北极大地上,不仅生活着人类、北极熊、海豹等高级哺乳动物,也生活着昆虫、苔藓等低级

冰川崩解

生物，它们在冰冷的极地繁衍并茁壮成长。地球的极地环境接纳了一代又一代的植物和动物，而近来这些极地居民们却要面临着气候变化带来的威胁。不可否认，未来几年内，将会有一批生物因温度升高而走向灭绝。

"温室效应"可使史前致命病毒威胁人类。美国科学家近日发出警告，由于全球气温上升，令北极冰层溶化，被冰封十几万年的史前致命病毒可能会重见天日，导致全球陷入疫症恐慌，人类生命将受到严重威胁。

纽约锡拉丘兹大学的科学家在最新一期《科学家杂志》中指出，早前他们发现一种植物病毒TOMV，由于该病毒在大气中广泛扩散，推断在北极冰层也有其踪迹。于是，研究员从格陵兰抽取4块年龄由500至14万年的冰块，结果在冰层中发现TOMV病毒。研究员指该病毒表层被坚固的蛋白质包围，因此可在逆境中生存。这项新发现令研究员相信，一系列的流行性感冒、小儿麻痹症和天花等疫症病毒可能藏在冰块深处，目前，人类对这些原始病毒没有抵抗能力，当全球气温上升令冰层溶化时，这些埋藏在冰层千年或更长的病毒便可能会复活，形成疫症。科学家表示，虽然他们不知道这些病毒的生存希望，或者其再次适应地面环境的机会，但肯定不能抹煞病毒卷土重来的可能性。

极端高温将成为下世纪人类健康困扰变得更加频繁，更加普遍，主要体现为发病率和死亡率增加，尤其是疟疾、淋巴腺丝虫病、血吸虫病、钩虫病、霍乱、脑膜炎、黑热病、登革热等传染病将危及热带地区和国家，某些目前主要发生在热带地区的疾病可能随着气候变暖向中纬度地区传播。

"温室效应"造成的全球变暖还有个非常严重的后果，就是导致冰川期来临。南极冰盖的融化导致大量淡水注入海洋，海水浓度降低。"大洋输送带"因此而逐渐停止，暖流不能到达寒冷海域，寒流不能到达温暖海域。全球温度降低，另一个冰河时代来临。北半球大部被冰封，一阵接着一阵的暴风雪和龙卷风将横扫大陆。

在过去的一个世纪内，地球温度上升了0.6摄氏度，这直接导致了地球上由风暴、洪水、干旱等引起的各种天灾成倍增加。据统计,2000年发生的地球天灾数是1996年的两倍,科学家预测,在21世纪,这些灾难数将以6倍的比率增加。最新科学研究结果证明,2010年夏季,北冰洋冰块正在大量融化,这些都将加速地球气候变暖,使未来的人类在"温室效应"的热浪中"渐渐死亡"。

最终,好莱坞电影《后天》里的灾难场景将真实地出现在我们的面前,到那时,人类又有什么地方可以躲藏?

科学与人物

福利森克·里斯汀等人发现大气平均温度与太阳活动的变化有密切的关系。格蓝迪邦德通过分析大西洋海底的沉积层,发现地球的寒冷期和温暖期呈现出有规律的波动,波动周期大约为1500~1580年。美国科学家("温室效应"的最初提出者)查尔斯·季林认为,潮汐强度的逐渐变化与地球、月亮和太阳相对位置的变化有着紧密的联系,其周期与邦德提出的"气候周期"是一致的。潮汐大时,就有更多来自海洋深处的冷水被带到海面,这些冷水可以冷却海洋上的空气。潮汐小时,海洋深处的冷水很难被带到海面,世界就变得暖和。据季林的计算,大约在公元1425年即小冰期的末期,潮汐达到了最大值,从那以后逐渐减弱,直到公元3100年潮汐又达到最大值。这个周期是在过去的一万年里气候变迁的主要动力,即使没有"温室效应",在这个周期循环的驱使下,小冰期末期气候会逐渐转暖,这个暖期将会持续到24世纪。

美国科学界的新动向表明:全球变暖主要受自然因素驱动,人为因素只是加剧了自然进程,人类目前还不具备控制全球气候变化的能力,我们想要减缓全球气候变暖将会付出巨大的经济代价。

在地球气候变化的历史中,"温室效应"随着碳在大气、海洋和岩石中的循环而处于自然的调控之下。在赤道附近发现了新元古代冰川沉积物,在它上面覆盖有碳酸盐岩石。这就意味着,那时冰川必定覆盖了

逃离地球——当科学遭遇末日预言

热带地区,在经历了漫长的全球冰冻状态后又突然变暖。为了解释这一现象,哈佛大学的地质学家郝福曼和海洋学家斯盖拉格提出了雪球地球假说。

7亿7千万年以前,一大块陆地分解成小块陆地,分散在赤道附近。日益增加的降水将更多的具有吸热性的二氧化碳冲洗出空气,更快地腐蚀陆地岩石。结果全球温度下降,极地海洋形成大块浮冰。白色冰反射的太阳能多于较暗的海水,从而使温度变得更低。这种反馈循环使地球被冰雪掩盖,全球的平均温度降至零下50摄氏度。结冰的海洋中冰块的平均厚度超过1公里,只有从地球内部缓慢散发出来的热量抑制着继续冻结。由于没有降雨,从火山喷射出的二氧化碳没有移出大气。随着二氧化碳的积累,"温室效应"使地球变暖,海洋冰块慢慢变薄。

在火山的活动进行了1千万年后,大气中二氧化碳的浓度增加了1千倍。不断发生的温室变暖效应把赤道处的温度提升到水的融点。随着地球继续变暖,赤道附近海水升华产生的水汽,在海拔更高的地方重新冻结,成为陆地冰川的一部分。最后在热带地区形成的未冰冻的水吸收了更多的太阳能,开始使全球温度又更快地增加。大约在若干个世纪之后,一个酷热湿润的世界取代了深度冰冻的地球。

随着热带海洋解冻,海水蒸发并与二氧化碳共同作用,产生更加剧烈的"温室效应"。地球表面温度骤升到50摄氏度以上,造成剧烈的蒸发降雨循环。含碳酸的倾盆大雨腐蚀了随冰川融化而遗留的岩石碎片,涨潮的河流把碳酸氢盐和其他离子冲入海底,在那里形成碳酸盐沉淀,使部分二氧化碳被清除出大气,"温室效应"便开始减弱,使得气温开始下降。当全球气候恢复正常时,生命便开始在地球上繁衍,各种生物登上了历史的舞台。科学家还不知道雪球地球会不会真正重演,但他们由此要人们警惕,地球是有发生极端变化的能力的,雪球地球可能会在未来发生,重复冷暖的下一个循环。

雪球地球假说既肯定了"温室效应",也肯定了自然界增加或清除大气中二氧化碳的巨大能力。近期发现,深海海底的甲烷冰晶体所蕴藏的能量要比世界上储存的全部化石燃料所包含的能量还多。但这些甲烷水合物矿非常脆弱,从中逃逸出来的气体有可能会加剧全球变暖。人类活动所释放出来的二氧化碳与之相比简直微乎其微。

根据美联社的报道,这些专家们也同时一致认为,现在的气候现象确实显示出有变暖的趋势,2010年的俄罗斯热浪、干旱和森林大火是全球变暖的标志。世界气象组织主席亚历山大·白德瑞斯基(Alexander Bedristsky)说,俄罗斯最近突发的极端天气现象以及其他自然灾害,包括巴基斯坦最近的洪水和法国2003年的热浪,都是"全球变暖的标志"。

但位于科罗拉多州的美国国家大气研究中心的气候气象学家凯文·特伦伯斯(Kevin Trenberth)说:"我认为他们不完全正确。我认为正确的说法应该是,现在所有的天气气候现象都是自然变化和全球变暖的一部分。

"我们不能确定每一个现象都是由于人类活动引起的气候变化所造成的,"宾夕法尼亚州立大学气候气象学家迈克尔·曼恩(Michael Mann)说。"但是,现在这些极端现象发生频率增加,我们可以归因于人类活动造成的气候变化。"

例如,气候科学家们可以说,在一段时间内频繁发生更多的飓风是由于全球变暖造成的,但是,却不能解释其中一些密集的飓风现象是否与升高的温度有关。"现在,我们能够从统计学上观察到全球变暖,但是,无法适用于单个的独立事件。"加州斯坦福卡耐基科学研究院的全球生态学家肯·卡德拉(Ken Caldeira)说。

曼恩说,如果把这些极端天气事件的发生看做掷骰子的话,掷出六点就好比发生一次破纪录的高温天气。在全球变暖的情况下,"骰子掷出六点"的机会就大大增加。

曼恩说,出现单次极端天气现象将变得越来越普遍,但是,不管全球变暖是否存在,接连两次或多次出现单独的极端天气现象也将是可能的。

曼恩说:"一个主要的发现就是,这些极端天气现象正在变得越来越普遍。""有预测认为,俄罗斯热浪是一千年一遇的极端现象。但是,伴随着全球变暖,现在有可能变成十年一遇的现象。"

"要试图建立起所有这些联系将是十分困难的,而且也很难去量化。"特伦伯斯说,"但是,现有的证据有力表明,全球变暖确实在这中间起到了作用。""我们可以说全球变暖加剧了本来就要发生的一些气候现象。例如:干旱更加频发,时间持续更久而且导致森林大火的风险加大。"他说。

9.臭氧层破坏的危害

臭氧层是指距离地球25公里至30公里处臭氧分子相对富集的大气平流层。它能吸收99%以上对人类有害的太阳紫外线,保护地球上的生命免遭短波紫外线的危害。在大气污染较轻的森林、山间、海岸周围的紫外线较多,存在比较丰富的臭氧。此外,雷电作用也产生臭氧,分布于地球的表面。正因为如此,雷雨过后,人们感到空气的清爽,人们也愿意到郊外的森林、山间、海岸去吮吸大自然清新的空气,享受自然美景的同时,让身心来一次爽爽快快的"洗浴",这就是

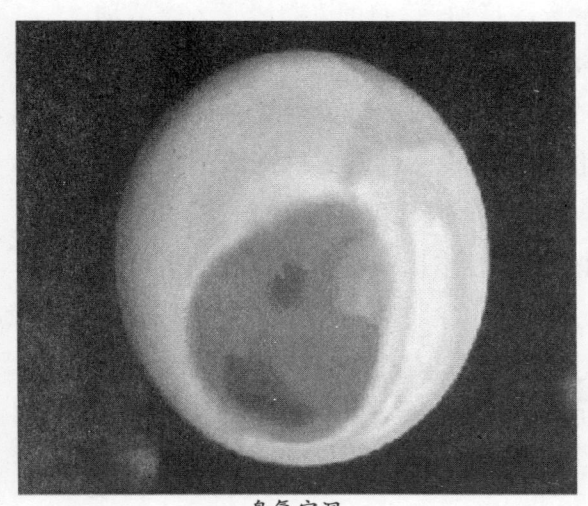

臭氧空洞

臭氧的功效,所以有人说,臭氧是一种干净清爽的气体。臭氧有极强的氧化性,少量的臭氧会使人感到精神振奋,但过强的氧化性也使其具有杀伤作用。

臭氧层的破坏，又叫"臭氧层损耗"。1984年英国科学家首先在南极上空发现，以后相继在北极和欧洲发现了臭氧层空洞。这主要是由于人类活动产生的氯氟烃等化学物质进入臭氧层后，消耗臭氧造成的。臭氧层直接关乎人类的生存。

2008年形成的南极臭氧空洞的面积到9月第二个星期就已达2700万平方公里，而2007年的臭氧空洞面积只有2500万平方公里。2000年，南极上空的臭氧空洞面积达创记录的2800万平方公里，相当于4个澳大利亚。据估计，到2025年，有可能会减少10%。

科学家认为，2009年臭氧空洞面积较小的主要原因在于气候，而不是因为破坏臭氧层的化学气体排放减少。英国南极考察科学家阿兰·罗杰说，2009年南极上空臭氧空洞缩小在历史记录上应被看作是个别现象。因此，臭氧层空洞面积有可能进一步扩大。

大气圈的臭氧入不敷出，浓度降低。科学家在1985年首次发现：1984年9、10月间，南极上空的臭氧层中，臭氧的浓度较20世纪70年代中期降低40%，已不能充分阻挡过量的紫外线，造成这个保护生命的特殊圈层出现"空洞"，威胁着南极海洋中浮游植物的生存。据世界气象组织的报告：1994年发现北极地区上空平流层中的臭氧含量，也有减少，在某些月份比20世纪60年代减少了25%~30%。而南极上空臭氧层的空洞还在扩大，1998年9月创下了面积最大达到2500万平方公里的历史记录。

过多地使用氯氟烃类化学物质是破坏臭氧层的主要原因。氯氟烃是一种人造化学物质，1930年由美国的杜邦公司投入生产。在第二次世界大战后，尤其是进入60年以后，开始大量使用，主要用作气溶胶、制冷剂、发泡剂、化工溶剂等。另外，哈龙类物质(用于灭火器)、氮氧化物也会造成臭氧层的损耗。

臭氧层被大量损耗后，吸收紫外辐射的能力大大减弱，导致到达地球表面的紫外线明显增加，会给人类健康和生态环境带来多方面危害。阳光紫外辐射的增加会加速建筑、喷涂、包装及电线电缆等所用材料，尤其是高分子材料的降解和老化变质。特别是在高温和阳光充足的热带地区，这种破坏作用更为严重。由于这一破坏作用造成的损失估计全球每年达到数十亿美元。

无论是人工聚合物，还是天然聚合物以及其它材料都会受到不良影响。当这些材料尤其是塑料用于一些不得不承受日光照射的场所时，只能靠加入光稳定剂或进行表面处理以保护其不受日光破坏。阳光中UVB辐射的增加会加速这些材料的光降解，从而限制了它们的使用寿命。研究结果已证实短波UVB辐射对材料的变色和机械完整性的损失有直接的影响。

阳光紫外线UVB的增加对人类健康有严重的危害作用。潜在的危险包括引发和加剧眼部疾病、皮肤癌和传染性疾病。10多年来，经科学家研究，大气中的臭氧每减少1%，照射到地面的紫外线就增加2%，人的皮肤癌就增加3%，还会受到白内障、免疫系统缺陷和发育停滞等疾病的袭击。平流层臭氧减少1%，全球白内障的发病率将增加0.6~0.8%，由于白内障而引起失明的人数将增加10000到15000人，如果不对紫外线的增加采取措施，从现在到2075年，UVB辐射的增加将导致大约1800万例白内障病例的发生。

紫外线UVB段的增加能明显地诱发人类常患的三种皮肤疾病。这三种皮肤疾病中，巴塞尔皮肤瘤和鳞状皮肤瘤是非恶性的。最新的研究结果显示，若臭氧浓度下降10%，非恶性皮肤瘤的发病率将会增加26%。另外一种恶性黑瘤是非常危险的皮肤病，每年大约有25 000人患此病，大约5 000人死于此病。每个细胞里的遗传物质（脱氧核糖核酸）都对紫外线很敏感，脱氧核糖核酸的损伤会杀死细胞或将其变成癌细胞。白色皮肤的人，特别是儿童对太阳光缺乏自然保护，他们更容易患皮肤癌。按美国当今在世人口计算，良性黑色素瘤的病例将增加45万例，恶性黑色素瘤的病例将增加1000例。未来数代受害将更加严重。在靠近南极的澳大利亚，皮肤癌发病率增加了3倍，近年来在那里一直在讨论有关"臭氧警告"的问题。

人体免疫系统中的一部分存在于皮肤内，使得免疫系统可直接接触紫外线照射。动物实验发现紫外线照射会减少人体对皮肤癌、传染病及其他抗原体的免疫反应，进而导致对重复的外界刺激丧失免疫反应。在世界上一些传染病对人体健康影响较大的地区以及免疫功能不完善人的群中，增加的UVB辐射对免疫反应的抑制影响相当大。

已有研究表明，长期暴露于强紫外线的辐射下，会导致细胞内的DNA改变，人体免疫系统的机能减退，人体抵抗疾病的能力下降。这将使许多发展中国家本来就不好的健康状况更加恶化，大量疾病的发病率和严重程度都会增加，尤其是包括麻疹、水痘、疱疹等病毒性疾病，疟疾等通过皮肤传染的寄生虫病，肺结核和麻风病等细菌感染以及真菌感染疾病等。

现在新的研究显示，过高的紫外线辐射也会损害植物和庄稼。虽然植物的生长需要阳光，但它们也依赖臭氧层以及自身遗传下来的遮蔽阳光的能力，来保护自己不会被阳光伤害。

美国斯坦福大学佛吉尼亚·沃尔波特博士发现，过分的紫外线照射会损坏玉米的遗传物质，也就是DNA。植物本身所具有的遮蔽阳光的能力可以很好地保护自己，紫外线照射不会使它受到生理性的损害，也不会产生基因突变的效果。但当技术人员用比通常阳光更多的紫外线去对玉米加以辐射时，玉米的基因就可能发生突变，也就是改变DNA的排列顺序。

沃尔波特博士说，过多的紫外线照射使玉米叶子上和颗粒上出现红点，这表明玉米的基因可能出现了问题，发生了突变。其中一种突变意味着植物的后代会失去自我遮蔽阳光的能力，这些后代一旦受到紫外线辐射就会死亡。研究结果表明，植物仅仅有足够的遮蔽阳光的色素，但一旦它们受到过度的紫外线照射，可能就无法应付了。

在已经研究过的植物品种中，超过50%的植物存在有来自UVB的负影响，如土豆、番茄、甜菜等的质量将会下降。植物的生理和进化过程都受到UVB辐射的影响，对森林和草地，可能会改变物种的组成，进而影响不同生态系统的生物多样性分布。并对植物的竞争平衡,食草动物,植物致病菌和生物地球化学循环等都有着潜在影响。

环境的迅速变化,从南美及澳大利亚农业区臭氧层空洞的出现,会给生物体带来点点滴滴积累性的破坏。这种破坏所造成的后果比我们在实验室里预测的要严重得多。

臭氧层破坏对生态环境的影响也极其严重,透过空洞,大量的紫外线辐射到地面,过量的紫外线辐射、特别是紫外线的辐射会从最底端的一环上破坏海洋食物链。紫外线辐射可杀死10米水深内的单细胞海洋浮游生物。实验表明,臭氧减少10%,紫外线辐射增加20%,将会在15天内杀死所有生活在10米水深内的鳗鱼幼鱼。另外,它还会破坏海洋菌类、海星和海胆的脱氧核糖核酸,并潜移默化的改变海洋的生化结构,繁育出危害人类的海洋生物。有科学家认为,如果臭氧层厚度减少30%,那就不仅仅是生物演化进程衰退30%的事了,而会远远超出这个比例。世界上30%以上的动物蛋白质来自海洋,满足人类的各种需求。在许多国家,尤其是发展中国家,这比例往往还更高。可想而知,臭氧层破坏对水生生态的破坏就是对我们人类的直接威胁。

智利是距南极最近的南美国家。多年来,因南极上空臭氧层稀薄,有时还出现空洞甚至扩大、散开,智利深受其害,特别是紫外线辐射强度增大对人体和生态环境构成了极大的威胁。据专家统计,该国现在每年有237人死于皮肤癌。

通过卫星资料和实地调查,中国科学家最近获得一项惊人发现,青藏高原上空夏季存在一个"臭氧低谷"。专家指出,这是继1985年发现南极臭氧空洞以来又一重大科学发现,已引起全球科技界的广泛关注。而在全球范围内许多类似的高原、山地也由于大气环流产生巨大的热力和动力导致上空存在不同程度的臭氧亏损,如美洲的落基山脉、安第斯山脉、欧洲的阿尔卑斯山等。与青藏高原相比,其他地方"臭氧低谷"的范围要小一些。

西藏最近的一份环境调查报告说,近年来,西藏大部分地区出现的气温升高现象表明,臭氧层稀薄已造成高比例的紫外线辐射量增大,加之积雪和岩石对紫外线只有强烈的反射作用,使西藏地区白内障发病率逐年呈上升趋势,发病率居全国之首,其发病年龄较平原地区提前5至10年。

虽然紫外线辐射量增大,对西藏野生动植物的影响程度目前还没有准确的定量和定性分析,但生物学家多年来野外观察证明,藏北羌塘地区的雪线上升了约100至150米,这可能影响到这一地区动植物的分布,造成一些生活在雪线附近的藏羚羊、雪豹、野牦羊等动物分布区域的改变和栖息,繁殖地面积减少或加大,以及食性与活动规律的改变,同时改变动物的繁衍生存条件。

紫外线大量入侵,使西藏高原的冰川消融量有增大趋势,造成蒸发量增大,降雨量增多,河流水量在汛期猛增,部分地区水土流失严重。同时也造成高原湖泊水位下降,并导致河谷开阔带、湖泊周围及宽浅洼地形成面积不等,程序不同的土地沙漠化。

没有臭氧层的地球就像没有屋顶的家,若臭氧层全部遭到破坏,太阳紫外线就会杀死所有陆地生命,人类也遭到"灭顶之灾",地球将会成为无任何生命的不毛之地。可见,臭氧层空洞已经严重威胁到人类的生存。

科学与人物

现在大家都已经普遍认识到,过多地遭受紫外线辐射是有害的。

它主要影响眼睛和皮肤,引起急性角膜炎和结膜炎,慢性白内障等眼疾,诱发皮肤癌。此外,紫外线辐射还会促使各种有机材料和无机材料的加速化学分解和老化,加速高分子聚合物质的老化过程,促使颜料和染料物褪色,海洋中的浮游生物也会因紫外线的照射,使生长受到影响甚至死亡,紫外线辐射也是产生有害的光化学烟雾的重要因素。紫外线辐射对包括人在内的各种动、植物的生理和生长、发育都会带来严重危害和影响。这应该引起人们的重视。为此,世界各国的科学家都提醒人们,应该十分注意紫外线辐射对人体的危害并采取必要的预防措施。

自从1992年2月美国宇航局发布信息,北半球尤其是加拿大上空,破坏臭氧层的物质激增以后,加拿大对此动荡不安,开始了对紫外线辐射和臭氧的观测,并将结果每周一次通过报纸和广播公布于众。

除此以外,英国、瑞典、德国、法国、新西兰等国家也都纷纷行动起来,密切注视着臭氧和紫外线的变化,也定期公布其观测结果。

在我国,中国科学院、航天部和天文台等一些研究单位曾研制了紫外线辐射的观测仪器,用于开展高空和地面的紫外线观测。最近以来,一些省市的气象局已经开始开展紫外线辐射量的观测和建立紫外线辐射的预报方法。北京市气象局已从1999年5月起,通过电视,正式对外发布紫外线预报。上海市气象局城市环境气象研究中心从1999年7月起,建立了紫外线辐射观测站,收集上海地区紫外线辐射资料,并开始发布紫外线指数预报。苏州市气象台于1999年11月起开始筹备紫外线预报,建立了紫外线辐射观测站。

新西兰国家水质与大气研究协会驻南极斯科特研究站的科学家斯蒂芬·伍兹说,南半球温带上空的臭氧含量在过去的20年中已经下降15%。

臭氧层位于大气层的平流层,它能够保护人类和其他生物免受来自太阳的强烈紫外线的照射。臭氧层臭氧含量的减少会导致人类皮肤癌和白内障等疾病的增加。人类向大气中排放的氯化物和溴化物是导致臭氧层遭到破坏的主要因素。近年来,由于蒙特利尔公约等国际公约的限制,世界范围内氯化物和溴化物的排放量正在减少。科学家希望臭氧层空洞不再扩大,但若要恢复原先的臭氧浓度还需要50年。

10.森林面积减少——地球之肺溃疡

在维护地球生物圈的物质循环和能量交换的过程中,森林具有举足轻重的作用。森林通过光合作用,吸收大气中的二氧化碳并产生氧气,供人和其他动物及植物呼吸之用,被称为"天然的超级肺"。

森林可以说是人类的摇篮,人类的祖先正是从森林里走出来的。由于人类对森林的过度采伐,现在世界上的森林资源在迅速地减少。这种破坏与人类文明的发展同步,到了近代和现代,更发展到了无以复加的地步。据统计,目前世界各地每年发生森林火灾达20多万次,平均每年烧毁的森林面积占

2010年俄罗斯森林大火

世界森林总面积的0.1%以上。有据可查的烧毁百万公顷以上的特大森林火灾竟达七次之多,损失触目惊心。

与8000年前相比,全球森林的面积足足减少了80%。也就是说,每两秒钟就有一片足球场大小的森林从地球上消失。

据推算,人类文明初期,地球上的森林面积可达80亿公顷,约占陆地面积的20%-40%,其中约大部分是热带林(包括热带雨林和热带季雨林)。19世纪全球森林降为55亿公顷,到20世纪70年代减为36.25亿公顷,到20世纪90年代末,估计只剩下26亿公顷,科学家预测,170年以后,全球森林将消失殆尽。

今天热带雨林仍覆盖着地球上广大的地区,特别是在南美洲的亚马

逊河流域,仍存在着一望无际的大片热带雨林,与世界其它类型的植被相比,它仍然是覆盖面积最大的植被类型。然而,现今的热带雨林正以每年120425平方公里的速度在减少,这相当于一个尼泊尔的面积。在过去的20年间,仅亚马逊雨林就以每年29000平方公里的速度减少。现已失去59%以上的原有雨林,幸存面积为1001万平方公里,覆盖了陆地总面积的6%~7%,热带雨林在很多地方变成了小块片段甚至消失不见。

2005年,百年以来最大的灾难袭击了亚马逊,巴西亚马逊河流域遭遇数十年来最严重的干旱,12000公顷大的湖几乎全部干掉了,成千上万条死鱼覆盖了地面,河水断流,饮用水被污染,游艇嵌在岸边的沙子里,人们在河床上行走或骑自行车,整个河道看起来就像是撒哈拉大沙漠。雪上加霜的是,大火在干燥异常的森林中蔓延,数千公顷雨林葬身火海。不少科学家认为,大面积的森林砍伐是加重旱情的重要因素。科学家指出,在亚马逊森林东部,本来就比其它地方干燥,现在伐木又使当地生态系气候更不稳定。当地的植物原本会藉由蒸发和蒸散作用循环水份,达到维持该地区湿度的效果。但是,自从这些植物消失以后,干季就变长了,平均温度也开始上升。

这场旱情是近50或60年来最严重的。干旱迫使亚马逊州州长宣布该州进入危机状态,其下属62个市中的61个也都宣布进入紧急状态,几千居民被迫转移至远离雨林的安全地区。紧急应对部门表示,居住在水边的超过1200个社区都严重缺水缺粮。

由于其生物多样性的脆弱性,巴西是世界上面对气候变化最脆弱的国家之一。假如亚马逊的森林覆盖面积减少的数量达到40%,这片世界上最大的森林逐渐转变为热带稀树草原的进程就再也无法逆转。

雨林面积减少的同时,破碎化趋势十分明显,其特征是森林变得条块分割、没有连贯性,尤其在亚洲雨林区,如印尼、马来西亚、菲律宾的雨林已经变得支离破碎。破碎后的森林像海洋中的一个个"岛屿",被周围的农用地或经济种植园所隔离,使其内物种基因得不到有效交流,进而大大降低了保护的有效性。

第三部分 全球环境状况与分析

同时,橡胶、咖啡等经济作物的适宜种植区正好是热带雨林气候区,为了牟取经济利益,人们大量砍伐森林,种植橡胶、咖啡等经济作物,热带雨林特有的生态环境被人为改变,天然林难以恢复,生物多样性的丧失不可挽回。

研究表明,天然雨林每减少1万亩,就使一个物种消失,并对另一个物种的生存环境构成威胁。与天然雨林相比,人工橡胶纯林的鸟类减少了70%以上,哺乳类动物减少80%以上,这种损失无法进行经济估算。

毋庸置疑,频繁发生的自然灾害和滥砍滥伐对雨林造成了严重破坏,砍伐自热带雨林的木材,很快被运出雨林,卖到了各国。不知不觉中,我们购买了木材制成的地板、家具,我们也购买了原住民的家。

按常理推断,那些无人到过的,并且气候没有明显恶化的热带雨林深处,应该不会受到这样的影响,但一项研究结果表明,事实并非如此。研究证明,全球变暖使广阔的亚马逊雨林中最原始的部分也"不得安宁"。亚马逊雨林一直被认为是地球上遏制大气中二氧化碳增多的一个重要"碳槽",但是随着温室气体的增加,亚马逊雨林最深处的树种结构发生了显著的变化。专家认为,整个亚马逊雨林吸收二氧化碳的能力将因此大幅降低。

美国研究人员在伊利诺伊州一处煤矿发现一系列巨型远古雨林化石,继而认定先前全球气候变暖毁灭了地球最早出现的雨林。全球变暖使高耸的植物承受巨大压力而灭绝。石松一夜之间被蕨类植物取代,表明气候变暖导致雨林毁灭。研究人员相信,这批雨林3亿年前因气候变暖毁灭,可以预示亚马逊雨林未来的命运。他们警告,雨林消退不仅加剧全球暖化,还令众多只能生存在雨林内的生物面临灭绝。

热带雨林是地球上生物多样性最丰富的陆地生态系统,被誉为地球的基因库,地球上约1000万个物种中,有200~400万种都生存于热带、亚热带森林中。在亚马逊河流域的仅0.08平方公里左右的取样地块上,就可以得到4.2万个昆虫种类,亚马逊热带雨林中每平方公里不同种类的植物达1200多种,地球上动植物的1/5都生长在这里。然而,由于热带雨林的砍伐,那里每天都至少消失一个物种。

一些生物如巨嘴鸟只能从记载中知道它们曾经存在过。现在,地球上动植物物种消失的速度比过去6500万年前的任何时期要快1000倍,大约每天100个物种灭绝,20世纪有120种哺乳动物消失了,9000多种鸟类中的139种难寻其踪,有600种动物和25000种植物濒临绝境。由于对热带雨林无节制的开发利用,生物与基因多样性在持续下降。

从1970年到2000年,波多黎各热带雨林最低温度的平均值上升了2华氏度,这对那些对气候敏感的两栖动物影响巨大。高温导致更多干旱气候,热带雨林高地的异常连锁反应也使破坏性很强的菌类植物加快繁殖,进而影响到青蛙等动物的生存。在波多黎各附近的岛屿上,17种细趾蟾科动物中的3种已经灭绝,另有7到8种的数量已经开始下降。

此前,全球科学家一直警告说,青蛙种类的消亡和数量的下降对热带雨林的影响后果严重,这不仅剥夺了那些以青蛙为食物的部分鸟类等动物的"口粮",而且导致原本是青蛙美食的昆虫数量大增,扰乱了生态食物链秩序,也扰乱了热带雨林世界。

我国也不例外。西双版纳地区是我国唯一的热带雨林,世界上与西双版纳同纬度带的陆地,基本上被稀树草原和荒漠所占据,形成了"回归沙漠带",而西双版纳这片绿洲,犹如一颗璀璨的绿宝石,镶嵌在这条"回归沙漠带"上。近半个世纪以来,西双版纳地区的热带雨林面积也约有一半被破坏,人工的橡胶林里没有灌木,林间几乎寸草不生,没有蝉鸣,也没有鸟叫。热带雨林特有的树木套迭,已不复存在,其生物多样性更是丧失殆尽。

据调查,西双版纳的许多村寨已经出现了溪水断流、井水干涸、自然泉涌消失的现象。另据西双版纳州气象局的长年监测表明:在过去50年间,四季温差加大,相对湿度下降,州政府所在地景洪市1954年雾日为184天,但到了2005年仅有22天。

不仅仅是热带雨林,其它气候带的植被也急剧的减少。据史料记载,西周时期,黄河流域的森林面积达3.2×10^7公顷,森林覆盖率达53%;到

第三部分 全球环境状况与分析

1949年,森林面积约有2×10^6公顷。如今的黄河流域已是千沟万壑,举目荒山秃岭。四川素有"天府之国"的美称,主要得益于川西森林的绿色屏障,整个长江上游的自然生态,也主要靠这片林区维系。然而40多年来,全省森林覆盖率从20%降至13%。乱砍滥伐,使全国森林资源每年减少2%~3%。林业专家们预言,如不采取根本性的改善措施,过不了多久,东北和川西的森林将消失殆尽,生态危机的后果不堪设想。

森林面积的减少很大程度上是人类活动引起的。非法砍伐,焚烧改成农牧场,以及伐木做成各种家具原料,同时因为开路或盖水力发电厂等建设,往往也砍掉大面积的森林。毫无节制的开发已对全球的自然环境造成了极大破坏。

最可惜的是许多雨林被烧掉改成牧场,只是为了养牛做成汉堡肉,偏偏雨林砍掉后的牧草一公顷平均养不了一头牛,这个牧场就会废掉,之后农人会再焚烧新的雨林,可是被废弃的牧场要恢复成原先的热带雨林,估计要四百年以上的时间。

森林就是地球的"肺",森林对调节当地和全球的气候起着十分重要的作用。森林拥有全球生物量的69%,吸收大量二氧化碳,释放大量的氧气。专家指出,森林的减少意味着全球范围内的环境恶化。如果亚马逊的森林被砍伐殆尽,地球上维持人类生存的氧气将减少1/3。如果雨林全部消失,我们所有的地球人都会体验到高原反应。

雨林是地球上巨大的有机碳库,原始森林和森林里的土壤都是巨大的碳存储地。它们共存有3000亿吨的碳——是每年通过燃烧化石燃料和生产水泥所释放到大气中的碳的25倍。每年森林和海洋要吸收48亿吨二氧化碳,固碳能力是全球森林系统的三分之二,相当于由森林破坏而造成的温室气体排放占到了总排放量的近1/5。雨林在地球水循环中起着非常重要的作用。一棵大树每天蒸腾到空气中的水分有760升,0.4英亩的雨林一天有76000升的水分蒸腾而组成云的成分,这是相同面积的大海水汽蒸发量的20倍;仅亚马逊雨林所蕴含的淡水就占到全球地表淡水的23%。雨林被砍伐或改种成为人工林,都对当地气候有着非常大的影响。

森林破坏不可逆转地把森林储存的碳以二氧化碳释放到大气中。森林破坏造成的温室气体排放,占排放总量的20%,已经超过了全球交通系统所造成的排放。由英国政府委托进行的《斯特恩报告》指出,全球森林破坏导致了世界1/5的二氧化碳排放,而停止森林破坏是人类应对"温室效应"最便宜便捷的方式之一。

森林的消失直接导致了动植物的灭绝。科学家认为,地球正进入第六大物种灭绝期,灭绝的速度将在2050时再增高10倍,最终将造成全球生态体系大毁灭,地球成为另一个金星,人类从此不复存在。

科学与人物

2010年4月13日,首届森林科学论坛——森林应对自然灾害国际学术研讨会在北京隆重召开。"首届森林科学论坛——森林应对自然灾害"是中国林学会确定的"森林科学论坛"的第一次国际学术会议,由中国林学会、国际林联、世界自然保护联盟共同发起,由中国林学会、中国生态学学会、中国水土保持学会、中国气象学会共同主办。

近年来,地震、海啸、干旱、洪涝、土地沙化、湿地减少、气候变暖等自然灾害在全球频频发生,引起全世界前所未有的关注。森林在减轻各种自然灾害中有着特殊的作用,森林资源的多少、质量的优劣,已经不仅是一个国家、一个地区的经济问题,而是全球的生态问题和人类的生存问题,也是国际政治的焦点,森林应对自然灾害是21世纪各国科学家潜心研究的重大课题。

全国政协人口资源环境委员会副主任、国际竹藤组织董事会联合主席、中国林学会理事长、国际木材科学院院士江泽慧出席大会并致开幕辞。江泽慧指出,森林对生态、经济和社会的作用,特别是对生态的作用越来越受到全世界的关注,森林科学发展是人类共同的意愿和正确选择,森林如何应对自然灾害是全人类面临的共同问题。森林能吸收、固定二氧化碳等温室气体,缓解全球温室效应;森林能防风固沙,遏制土地荒漠化;森林能保持水土,防止或减轻山崩、泥石流、滑坡、雪崩等灾害;森林能涵养水源,减少地表径流,调节径流的时空分布;森林对大气污染物具有一定的吸收和减缓作用,能有效防止和减轻城市污染。森林是自然界中功能最完善的资源库、基因库、蓄水库、贮碳库和能源库,被称为"地球之肺",森林对于各种自然灾害的作用已经得到各国科学家的一致认同。

> 著名物理学家斯蒂芬·霍金在接受英国皇家学会颁发的科普利奖章时表示,人类必须移民其他星球以摆脱灭亡命运。霍金认为,只要人类被困在一个独一无二的行星上,人类的长期生存就处在危险中。

第四部分
逃离地球方案与人类技术

"诺亚方舟"与逃离地球

1. 各国"末日方舟"计划

*英国的"冷冻方舟"计划

英国《独立报》2004年08月26日报道,为了让地球上各种稀有物种免除灭绝的危险,英国科学家已开始施行一个"冷冻方舟"计划,准备陆续将这些物种的DNA冷藏起来,以用于日后的研究或者在未来让这些物种在地球上"重生"。

第四部分 逃离地球方案与人类技术

大部分专家都认为,物种灭绝的速度要比人类确认新物种的速度快得多——现在因为人类行为的影响,物种灭绝速度比正常情况快几百倍。

对此,环境保护论者和前外交官克利斯丁·迪克尔爵士说:"还没有人能做到类似的事情,这个计划是有史以来第一次。……这只是保护行动的一个步骤,就算是诺亚在世,也会对此感到自豪的。"

这项计划短期内的对象是那些预计将于5年内绝种的动物。以后,计划范围还将扩大到世界自然保护联盟开列的《受威胁物种红色名录》中的几千种动物。

*挪威的"世界末日种子库"

为防止地球随时可能出现的天灾人祸,也为防止储存在世界各地基因银行的种子丢失,联合国在挪威北极地区斯瓦尔巴群岛永冻层建了一座地窖,储存各种植物种子,2008年开始运作。目前该地窖储存的种子已逾50万种,平均每类储存500颗,成为世上拥有种子品种最多的地方。

由于负有保存全球植物种子的重大责任,斯瓦尔巴全球种子银行有"世界末日种子库"之称,也有人形容其为"植物诺亚方舟"。地窖建在史比兹伯根岛一座山腹内120米深处,多重安全系统,可承受里氏6.2地震及核武器直接攻击,内部保持摄氏零下18度的恒温。种子都以铝箔多层包装并有隔热处理,防止受潮。史比兹伯根岛没有地质构造运动,又位在永冻层,本来就有利保存种子,加以地窖建在高于海平面130米的山腹,即使冰盖融化也能保持干燥。

该种子库收集的种子数量距离终极目标的450万种还有很远。

*月球"末日方舟"计划

全球变暖威胁人类生存环境,地球外的小行星和失控飞行器随时可能撞上地球……不少科学家已经开始着手如何保存人类文明的问题。

179

逃离地球——当科学遭遇末日预言

月球"末日方舟"

然而,在地球上建立"基因银行"存在一个巨大的缺陷,那就是太受制于地球。万一地球本身遭遇毁灭性破坏,没有人能够保证地球"基因银行"中的生命试管不会受损。

据国外媒体报道,欧洲太空总署目前正在制定一项"末日方舟"月球信息库计划,以防人类遭遇毁灭性的大灾难后,可以再生和延续。如果地球上发生宇宙小行星碰撞或者核战争爆发等灭顶之灾,那么"末日方舟"将被激活。

这个构想是科学家在法国斯特拉斯堡上个月举行的会议上讨论的。

该资料库将为地球上的幸存者提供一个重建人类文明的远程访问工具包。据报道,"末日方舟"的最原始版本,将包含一些储存人类知识的硬盘,其中包括DNA序列、冶金说明和种植庄稼的知识等信息。在大灾难来临之前,科学家会在月球地面以下建设合适的储藏地窖,而"末日方舟"信息硬盘就将存放在这个地窖中。在人类灭绝以前,会在地球上放置数个受良好保护的信息接收器,如果不幸所有的接收器也在大灾难中被摧毁,"末日方舟"会不间断地发送信息,直到幸存的人类重新制造接收器接收完毕信息为止。

欧洲宇航局研究部门的首席科学家伯纳德·福林指出:"行星爆炸是常事"。行星撞击对地球环境造成的破灭是毁灭性的。因此,他认为制造"末日方舟"非常必要,但也存在不小的难度。

为防止大灾难之后的地球不再适合人类生存这一更为恶劣的情况发生,科学家还计划向月球地窖中存放诸如微生物、动物胚胎、植物种子等。另外,为了检验这些地球上的生命有机体是否能够在月球上存活,作为这项"末日方舟"计划的第一步,欧洲宇航局的科学家们希望在下一个10年中,率先在月球上兴建一个试验基地,以便模拟地球生态环境。福林

第四部分 逃离地球方案与人类技术

介绍,曾经广泛应用于太空试验的植物郁金香或者阿拉伯芥,将于2012年或2015年首先登陆月球。据悉,郁金香之所以被选中作为一种理想的试验对象,是因为它们所需的营养物质极少,不需特别护理,并且能够冷藏,经受长途运输。

福林说:"最终,那儿(月球)将成为一个'诺亚方舟',具备(地球)生物圈中的各个物种。"

最初在月球上建设的"末日方舟"月球信息库将由机器人管理,并通过无线电和地球指挥中心保持数据传输。另外,科学家还计划在本世纪末之前在月球上完成第一个人类生存基站建设。该信息库运行的主要动力为太阳能。

科学家预计在2020年以前将第一批实验性信息库送往月球,这批实验性信息库的使用寿命被初定为30年。随后在2035年以前将完整版的信息库送往月球。完整版的信息库中所容载的信息将包括汉语、阿拉伯语、英语、俄语、西班牙语等不同语种版本。该信息库将和地球上建造的4000余座"大灾难避难所"相链接。在这些"大灾难避难所"中,如果你是幸存者,"末日方舟"将会教你重建人类文明。地球上将会建立4000个"地球避难所",它里面装有食品、水和一些信号接收器,作为末日灾难中幸存者的庇护所,里面的信号接收器可以随时接收"末日方舟"发送的无线信号。"地球避难所"也将建在受到强大保护的地下掩体中,力求能在核爆炸中也安然无损,从而允许少数人类能够从末日浩劫中幸存下来。

*俄罗斯"末日方舟"

近年来,大地震频发,海啸、火山时刻威胁着人类的安全。在好莱坞电影《2012》中,"诺亚方舟"成为了拯救人类的唯一工具,但是,电影里面的方舟一票难求,普通大众是很难登上的。

2010年3月外电报道,为了响应广大人民群众的呼声,位于俄罗斯伏尔加河地区的乌里扬诺夫斯克州政府通过一项五年期的规划,计划建造

逃离地球——当科学遭遇末日预言

俄罗斯巨型"飞碟"

一种被称为"飞碟"的巨型航空器,平时可以做交通工具,灾难时可以做"诺亚方舟"。

据悉,这款最初被官方称为"静压动力型"航空器的最初原型在2009年俄罗斯玛克斯国际航空展上首次披露,最初的设计中,这款新式飞行器的直径达7米,能够运载20公斤的物品。

俄罗斯LocomoSky公司作为该工程的生产商,计划最终研制出能够运载600吨货物或者最大载客量11000人的大型飞行器。这种飞行器采纳直升机和航空器相关技术,能够以每小时100公里的速度直线飞行。目前,LocomoSky公司已开始在工业区修建相关的生产设施。

这个消息传出后,引起了不少媒体和民众的关注。网友称,这个巨型飞碟一次可载万余人,一旦地球上爆发大灾难的时候,民众都有机会登上飞碟避难。并且飞碟可以实现垂直起降,降落时对地面的要求很低,因此,一旦地震或者海啸过后,飞碟就可以着落,起飞和降落都十分方便。不少心急的网友建议生产商赶快研制出来,最好赶在2012年前。

2.其他地球大灾难,各国避难措施

*摩纳哥"末日城市"

容纳:5万人

预计完工时间:2100年

比利时著名建筑设计师设计了一个"水上城市Lilypad"(译名"百合花瓣")的水上移动城市模型,它是一个漂浮的两栖城市,可以根据不同的风向和气候在地球上到处漂流。当有一天世界末日来临,在这座漂移城市居住的人们可以全部随城市漂移到合适居住的环境中以逃避劫难。

据说,这个末日城市的核心秘密其实藏在水下,水下有

末日城市

个灾难处理中心,一旦灾难发生,立刻启动程序将城市漂移到安全地带。

*美国"漂浮城市"

容纳:6万人

预计完工时间:2011年

去年,美国"自由之船国际公司"宣布正打算建造一艘史无前例的"世界最大的超级邮轮"——"自由之船"。这艘船总造价估计高达110亿美元,长1400米,宽230米,船体高度达到110米,这相当于37层楼高。

船上将有1.8万个居住套房。船上的设施也犹如一个小型城市,将拥有世界上最大的海上体育馆,一个可容纳上千人的剧院,一个小型高尔夫球场甚至连综合了中医和西医治疗手段的大型医疗中心都将出现在船上。还会建立一所学校。

船的顶端有一个大型机场跑道,可供多架直升机,甚至小型民航班机同时起飞降落。但这艘船的行驶速度可能是世界上速度最慢的。

*荷兰"漂浮屋"

计划建2.1万栋,目前正陆续完成。

那些位于海平面以下的国家中,荷兰在防范洪涝灾害领域已经积累了丰富的实战经验。目前,荷兰人又有新设计,那就是推出两栖房屋。这种两栖房屋由荷兰建筑师Koenlthuis设计。它们不仅仅是单栋的建筑物,建筑师采用乐高积木的方式,将每一栋两栖房屋都建造成可以跟任何其他的两栖房屋互相链接。大量单栋的两栖房屋链接在一起就可以组合成为一个小区或者城镇,当洪水到来时,相互链接的两栖房屋将会共同安全的漂浮在水面上,水涨得再高也不怕。

在建筑设计上,这种两栖房屋也非常特别,它们没有地基,而是试用了中空的混凝土基座,而且填充泡沫材料,使两栖房屋有漂浮的能力。防水基座的底部由钢柱支撑,如果洪水淹到基座就"水涨屋高",房屋将会漂离钢柱,最多可升高约5.48米。房屋用滑链连接两根5米高的停泊杆,涨潮落潮时,住宅会沿着停泊杆升降,而不会"随波逐流",建筑内的各种电线、天然气管也都可以随着潮水伸缩。

目前,荷兰已建造了数十栋这样的两栖房屋,并还准备建造21000栋。这种两栖屋造价相当昂贵,每120平方米的建设费用大概需要25至30万欧元。

*瑞士"太阳能潜艇"

搭载30人,预计2012年完工。

好莱坞灾难电影《未来水世界》中,世界一片洪水滔天,看得人心存余悸。现实中,因为全球升温,像图卢瓦、马尔代夫这样的国家可能将被淹没,这对于居住在这些国家的人们来说也等同于"世界末日"了。一旦海水淹没了家园,潜艇或许是一个不错的新窝。而以太阳能来提供能源

第四部分 逃离地球方案与人类技术

的潜艇则是最符合环保主题的逃生装置。好消息称,世界上第一艘太阳能潜水艇已经确定在2012年航行于瑞士图恩湖湖底。这是瑞士一家能源公司水下太阳能计划的首步实践,仅仅这一计划的投资就达到1000万瑞士法郎(约合人民币5800万元)。

这艘太阳能潜水艇将以漂浮的太阳能平台为动力,可以循环储存航行所需的能量。太阳能平台看起来像是一朵睡莲,由5块漂浮的带有太阳能电池的"花瓣"包围着

太阳能潜水艇

"花蕊"组成,通过太阳能平台持续给潜艇提供能源。

据了解,这艘潜艇一开始将作为旅游潜艇使用,预计将可搭载20至30名乘客沉入阿尔卑斯山图恩湖底,一览壮观的湖景与山景,最深能下潜300米。随着计划的成熟,将来可能再建造更庞大、能搭载更多乘客的潜艇。

*美国政要"末日避难所"

美国军政要员们60多年前就已制定了"核战末日避难计划",建设了遍布美国各地的"末日避难所"。

总统紧急作战中心

"总统紧急作战中心"是位于白宫东翼地下深处的一个加固地下掩体。该掩体可以防御一枚小型核弹的直接命中,而且,地下掩体先进的三防系统可以确保其在核生化环境下仍能独立运作,时间可长达7天。掩体独立于白宫地面建筑的指挥与通讯系统,则可以保证躲入掩体的美国总统或副总统不会中断与全球美军的联系。

奥弗特空军基地

在奥弗特空军基地地下也有一个坚固的美国战略空军指挥中心。此外,奥弗特空军基地还有4架素有"末日飞机"之称的波音747-4B型飞机。这4架代号为"视镜"的空中指挥所,机身被漆成耀眼的银白色,机舱与外界密封隔开,确保舱内的电子通讯设备不受核爆炸造成的巨大电磁脉冲的干扰。由于飞机可以在空中加油,因此起飞后可以不间断地在空中飞行72小时。

NORAD

NORAD的核心是夏延山地下指挥中心。它位于科罗拉多州斯普林斯市西南郊海拔2233米的夏延山下距地表400多米的深处,上面覆盖着380米厚的花岗岩石,建筑物的墙壁由钢板焊接而成,以减少核爆炸所产生的电磁效应,全部建筑物坐落在近千个螺旋弹簧和液压制动器上,以防止核爆炸引起的震动或受到地震的破坏,所有出入口和通气道均用防爆阀门密封,内部设备完善,据称,阀门能经受住核武器的直接命中。此外,指挥中心还配备有供电和供水等设施,在紧急情况下,可共1800人工作30天左右。

高点特别地下设施

这一绝密设施隐藏在弗吉尼亚州贝里维尔附近的韦瑟山下,是二十世纪五十年代美国政府耗资10亿美元,历时4年建成的美国政要"核战末日庇护所",于1958年建成。至今,该设施仍属美国最高国家机密之一。外界的人只知道该地下掩体总面积达60万平方英尺,可容纳数千人的生活起居。设施内有医院、餐厅、娱乐和休息区,一个应急发电站,多个总储量可达50万加仑的储水设施。

R地点

中心总面积超过70万平方英尺,整个庞大的地下设施群隐藏在1000英尺厚的花岗岩下,这里宛如一座地下大城市,有着四通八达的坑道和应有尽有的生活设施,足以容纳3000人以上。半个世纪以来,"R地点"一直是绝密中的绝密。

第四部分　逃离地球方案与人类技术

3.太空移民

什么是太空移民？太空移民就是把地球上的人类移居到地球以外的空间生存、工作和繁衍，使人类能够世代延续下去。

自1957年苏联发射第一颗人造卫星以来，人类先后向太空成功发射了各种卫星、飞船探测器，并顺利地登上了月球。于是，有人就提出向太空移

太空移民

民的设想。科学家们一致认为：人类移居太空不再是虚无缥缈的幻想，人类大规模移居太空已为期不远。

英国宇宙学家马丁·里在他的《最后的世纪》书中预言，地球在未来200年内将面临十大迫在眉睫的灾难，人类能够幸免的机会只有50%。这一观点与霍金的预言可谓不谋而合。不过，霍金进一步提出了人类唯一的自救办法：太空移民。

早在1969年，美国普林斯顿大学教授杰拉德·奥尼尔认为，地球已经到了承受人类发展的极限。要永久性地解决生态、资源、人口等问题，最好的办法是在太空中建造太空城，逐步把人类都移居到太空城中。

2010年11月5日，世界著名未来学家托夫勒在接受记者采访时，发表了一些观点，其中之一便是人类将移民太空。在未来的第四次浪潮中，人类开始越来越认真地考虑迁到宇宙其他星球上去。

近年来,我国不断进行神州系列太空实验,美国再提重登月球,印度等国家也不甘落后,加紧进行太空实验。太空实验的意义何在呢?

不外乎如下几点:

一、了解宇宙演化及其中的各种物理现象和过程;

二、了解人类和地球生物在宇宙中的地位及意义;

三、发展各种太空技术并将其运用到各个领域;

四、探索和占有各种太空资源;

五、利用太空的极端环境进行各种科学和技术试验;

六、终极目的——太空移民。

太空移民的初步设想

20世纪初,俄国的齐奥尔科夫斯基就提出过太空移民的思想。20世纪30年代,英国科学家贝尔纳也提出了太空移民的设想。20世纪70年代世界能源危机爆发后,研究太空移民的科学家越来越多。

设想一、太空港

21世纪初,人类将在近地轨道,围绕月球和火星轨道,以及在地—月系中的自由点上陆续建成空间港,作为空间客运的转运站。其间将有巡天飞船常年巡回飞行,又有转运飞船像驳船一样在空间港与巡天飞船之间接货物和人员。当近地空间港和火星空间港建成以后,便形成一个完整的航天运输网络。人类如要长期地居月球、火星和空间港上工作、生活、定居,必须不依赖于地球而开发完全能自给自足的生物圈,并建成立初期前哨站和基地,形成开发太阳系的完整系统。

设想二、太空桥

21世纪,人类将进一步发展空间技术,开辟通天路,架设星际桥,实现开拓天疆的伟大理想。通过降低将有效载荷运输到轨道上的费用,把载人和载货的任务分开。运货仍采用大型运载火箭,载人则采用有翼天地往返运输系统,使其全部能重复使用。其中,人们将要创造出具有多种

第四部分　逃离地球方案与人类技术

优良性能如应急、机动性良好的空天飞机,可以水平起飞、降落。设计方案有X-30试验机("东方快车")、霍托尔、森格尔等。

设想三、太空发电厂

目前,一些国家正在酝酿一项解决地球能源危机的计划,建造太空发电厂。太空发电厂由两部分组成:太空部分——太阳能发电卫星,地面部分——接收电站。用火箭将太阳能发电卫星发射到空间轨道上,发电卫星在太空将太阳能转化成电能,通过微波传送到地面接收电站,再向用户供电。

太阳是个巨大的能源库,太阳辐射发出巨大的能量。由于地球有层"厚厚的外衣",射向地球的太阳能大部分都被吸收掉了。因此,只有把发电卫星发射到空气稀薄的外层空间轨道上去,才能充分地将太阳能转化为电能。

1992年,日本宇宙科学研究所制造了一颗小型太阳能发电卫星,其外形为三角柱形,设计输出功率为1万千瓦,卫星轨道高度为1000千米。发电卫星上安装有送电天线和由非晶硅组成的板状太阳能电池阵,每2小时绕地球一周。当卫星运行接近地面接收天线时发射频率为2450兆赫的微波,并把微波集成一股射向地面接收天线。

据美国国防部防卫尖端技术研究计划局透露,美国打算在2000年前后向空间发射5~16座100千瓦级的小型核电站,并进一步研制供给宇宙基地能源的大型核电站。

设想四、太空加油站

美国伊利诺伊大学核工程学专家预测,今后在太空飞行的航天器将可以在月球和木星上的聚变燃料加油站灌满油箱。因为聚变能不仅作为太空飞行器的动力,而且也可作为轨道航天器站的动力。木星和月球上有大量可用于核聚变的元素,如氘和氚。月球上将建造第一个加油站,为航天器飞往火星途中"接力"。

设想五、太空工厂

人类在太空建造永久性建筑日益成为可能,太空工厂将列入第一批太空建筑。由于脱离了重力约束，在高度真空的特殊条件下，太空工厂将成为制造某些地球上不能制造的稀有产品的理想场所。由航天飞机把原料送往太空工厂，或者利用太阳系各行星中的资源，制造加工成所需的产品后再运回地球。因为太空不存在冷热对流、浓淡、沉淀等现象，所以太空工厂制造的药品比在地面上制造的纯度至少高5倍，制药的速度快400倍。

设想六、太空农场

美、日、欧在21世纪的太空计划中，将"植物在密封太空舱内进行长期实验"列为重点研究项目，并正在设计太空农场。科学家认为，太空农场可能建成球冠状，利用其外面可以转动的反射镜调节室内温度，从而使植物处于像地球上的生长环境一样。

科学家对从月球上取回的土壤进行了分析，认为只要略加改造即可用来作为太空农场种植庄稼的土壤。同时，还可用来提取氧气和合成水分，以供"太空人"生活之需。

太空农场种植庄稼，无需除草和喷洒农药，所以没有污染，生产出的蔬菜和水果非常洁净。另外，太空农场全部是自动化作业，只需在"控制室"操纵按钮，即可对作物进行全面管理。

俄罗斯的"和平"号空间站上有一个太空温室，面积约为900平方厘米，播种了数十粒不同品种小麦的"太空种子"。在太空失重条件下，播种的小麦可望在70~90天后成熟。在这个封闭的太空温室内，松土、浇灌等所有农活均是在宇航员控制下由机器人自动操作完成的。

设想七、太空宾馆

21世纪，太空将会成为人类的又一旅游胜地。日本清水公司与美国贝尔和特罗蒂公司的专家设计了一种太空宾馆，它将处于地球上空450千米的高度，形状犹如直径140米的大型游艺场，房间可供大约100名旅游者住宿。为避免太空旅游者因失重而产生不舒服的感觉，太空宾馆将每分钟自转3圈，从而产生类似地球的引力。美国航天专家认为，由于宇宙航行非常安全，参加旅游的人不一定要有运动员那样的体魄，只要经过一般的体格检查，体能达到一定状况就可以了。人们完全可以期待有朝一日可以像出差到外地一样收拾简单的行装,穿上宇宙服,搭乘航天飞机到太空遨游,入住太空宾馆。

设想八、太空生态实验舱

美国宇航局为了配合星际探险计划,与波音公司合作研制一种名为"太空花园"的实验性太空舱。这种新型的太空舱,实际上是一个控制生态的"生命维持系统"。在这个系统中,将种植诸如橙、棉花和粮食等植物,为太空人提供食物、饮用水,回收他们排出的二氧化碳及粪便。科技人员还将采用小球藻系统排除二氧化碳,制造氧气,使空气保持新鲜。如遇紧急情况,空气和水可以自成系统,分开使用。太空花园设有引力相对较弱的"运动区",供游人们尽情从事"太空运动"。

设想九、太空城市

由于世界人口急剧膨胀,地球变得越来越拥挤,移居其他星球似乎看起来希望渺茫,不过可不可以换一种思路呢?美国普林斯顿大学的奥尼尔博士认为,最好的办法是在太空中建造个太空城,逐步把人类都移居到太空城中。恢复几百年甚至上千年后,地球会在没有人干预的情况下,变得动物成群、风调雨顺,人类还可以重返地球。

美国科学家拟建的太空城,一种设计方案是一个旋转的圆筒,圆筒的一端对着太阳,另一头为半球形,一座半径为100米、长为4000米的圆筒太空城可容纳大约1万名居民。另一种设计方案是轮状的,供中心旋转的太空城,太空城的整个直径2800米,轮圈本身的直径为300米,轮的外缘是太空城的地面,轮的内缘是太空城的顶部,"屋顶"由透明的材料做成天窗,阳光从天窗射进来,经过调节,使太空城明亮且温暖如春。

4.移民外星

著名天文学家霍金断言:"地球迟早会灭亡,至于时间期限,大概200

年内。人类已经步入越来越危险的时期,已经历了多次事关生死的事件。由于人类基因中携带'自私、贪婪'的遗传密码,对于地球的掠夺日盛,资源正在一点点耗尽,人类要永续存在就不能把所有的鸡蛋都放在一个篮子里,更不能将赌注放在一个星球上。"太阳系没有一个类似于地球的地方,因此,我们必须寻找另外一颗星球,并采用更先进的太空火箭帮助人类移居到适宜生存的星球上。这已经是他半年内第二次发出类似惊人之语了。

美国航空航天局(NASA)局长格里芬也曾表示,从历史来看,单独一颗行星上的物种是不可能永久生存下来的。"我们有确凿的证据表明,平均每3000万年,地球物种就会遭遇大规模毁灭,有一天我们一定会移民外星,但我不知道那一天会是什么时候。"在NASA美国国家航空航天总署网站上,有一项美国政府"移民外星计划",试图在外太空寻找适合人类居住的第二行星的计划。

移居目的地有四大标准

20世纪初,曾有人认为火星和金星可能是不错的选择,但NASA很快发现,环绕太阳的其他行星都不适合我们生存。一个在金星表面的人将不得不在足以将铅熔化的温度下生活。至于火星,在上面生活就像住在两倍于珠穆朗玛峰的高度上。

华盛顿卡内基研究所的天文学家玛格丽特·特恩巴尔博士总结出"最适合生命生存的星系"的四大标准:1.至少存在30亿年,这样才足以形成行星并发展出复杂生命体;2. 中心恒星体积不能超过太阳的1.5倍,否则难以产生适合生命生存的行星;3.应有足够多的铁元素,才能形成类地行星;4.中心恒星应处于既非红巨星,也非白矮星的发展阶段,这样周围行星上的复杂生命体才有足够长的生存时间。

按照这一标准,他推断在宇宙中有5个符合标准的星系:一是距离地球26光年的猎犬座Beta CVn;二是距离地球42光年的HD10307;三是金属元素含量约为太阳一半的HD211415;四是天蝎座Sco18;五是飞马座

第四部分 逃离地球方案与人类技术

51。据计算,离地球最近的半人马座α星大约有4.23光年远,如果按照航天飞机现在的速度,需要15.8万年才能到达。这就需要制造出和光速一样快的交通工具才行。

据美国哥伦比亚广播公司新闻网报道,将人类永久送出地球,移民其他星球的"百年星船"计划正在美国引发热议。美国宇航局埃姆斯研究中心主任西蒙·皮特·沃登近日表示,美国宇航局和美国军方正计划建造"百年星船",宇航员将不再返回地球,而是在目的星球度过余生。美国国防先进研究计划局也发表声明说,军方已经与宇航局围绕"百年星船"项目展开突破性技术的研究。声明称,这项研究目前尚处于构想阶段,2011年初项目详情将被完全公开。沃登表示,人类最先永久移民的星球有可能是火星的两颗卫星——火卫一,或火卫二,沃登希望2030年左右,人类能以100亿美元的代价,送首批宇航员移民这两颗星球。

太空移民可以有多种形式,奥尼尔提出的太空城只是其中比较简单的一种。第二种方式是在月球上建造可供人类居住的生物圈,它的建设可分成四个阶段:第一阶段,建立一个载人月球轨道站;第二阶段,建立一个月球研究实验室;第三阶段,组装月球工厂;第四阶段,建成具有高度自给能力的月球居民区。以此为基地,可以建造更多的月球生物圈。第三种方式是在火星上建立人类生物圈并将火星变成第二个地球,初步设想是:首先,向火星发射人造的密封住宅。然后,向火星派出先遣队进行考察,初步开辟适宜的赤道地区。经过15年后,派1万名专家登上火星。他们在火星上架起太阳光反射器,开办核化工工厂,建立核电站,煅烧火星矿石产生大量二氧化碳,创造人工"温室效应",使火星表面气温逐渐升高。再过几十年,火星的平均气温将达到-15℃,这时,天空将会出现云层,在低纬度地区移植的冻原植物也开始放出氧气,两极地区的冰和干冰开始融化。渐渐地,大气层变得更加浓厚,河流和湖泊开始形成,植物生长更加旺盛,氧气量更加充沛,火星环境将逐渐地向地球式的方向转化。这个过程不断向良性方向发展,低等动物和植物越来越多,氧气越来越丰富,温度越来越高,涓涓细流汇成大海。到100多年后,火星温度将升至10度，再过50年，巨大的植物系统将足以使大气富含氧气。到那个时候，火星环境将与地球非常相似，人类终于把比撒哈拉大沙漠还恶劣百倍的火星改造成了第二个地球。第四种方式是建造巨大的、完全能够自给自足的星际飞船，就像传说中的"诺亚方舟"一样，飞船向宇宙深处飞行的同时，飞船内部居民世代繁衍，终有一天这座飞船能够在宇宙中找到更适合人类居住的星球。

目前，天文学家总共发现了上述5个星系，可能存在宜居行星。

移民外星有哪些困难需要克服呢？

第一关，确定宜居行星标准。美国天文学家特恩巴尔博士总结出"宜居行星"的四大标准：1.至少存在30亿年；2.中心恒星体积不能超过太阳的1.5倍；3.应有足够多的铁元素；4.中心恒星应处于既非红巨星、也非白矮星的发展阶段。

第二关，如何到达宜居行星。如果按照航天飞机目前的速度，前往距地球4光年左右的星球需要大约15万年时间。人类要想移民外星必须造出和光速一样快的交通工具。据悉，美国空军和NASA目前正在秘密研究一种"空间发动机"飞行器，并有望在5年内造出样机进行测试。一旦测试成功，那么从地球前往火星只需3个小时，前往距地球11光年的星球只需80天。

第三关，移民外星后人类如何解决生命保障问题。目前，美俄等国已在国际空间站里培育了100多种农作物，果蝇、蜘蛛、鱼类等动物在失重状态下也可以生长、繁殖。如果这种技术能应用到宜居行星上，人类的生存问题就容易解决了。此外，移民外星后人类能否繁衍也是一个问题。一位法国科学家发现，在失重状态下，活细胞的重要结构不能正常成形，这就意味着人类不能在接近失重状态下长期生活和繁衍。

卫星升空，人类踏上月球，探测器登陆火星，航天事业的每一次成功、技术的进步，把人们的思想带到更新境界。外星移民和殖民是人类长期的梦想，一般认为在近几个世纪这一梦想能够实现。

5.物理、化学等技术

1969年,美国国家宇航局(NASA)完成了人类历史上的一次创举,首次把人送上了月球。执行此任务的推进器,是由纳粹德国的著名火箭科学家,二战后加入美国国籍的冯布劳恩设计的"土星五号"火箭。

"土星五号"火箭是人类历史上最大,最高和最重的多级火箭,比已经是庞然大物的航天飞机要庞大许多。"土星五号"之所以这么庞大,原因在于阿波罗计划需要将一个轨道舱、一个登月舱和能够让宇航员从月球轨道再返回地球轨道的燃料送到月球轨道。即使是使用液氢这样比冲(Specific Impulse)较大的推进剂,在发射期间,平均前进一英里,也要消耗掉两万五千磅的液氢推进剂。

现在航空技术已经基本成熟,其他技术问题也不会成为火星移民的障碍,只要有巨额经费,人们就能够解决所有技术问题而在近期内踏上火星。事实上,在火箭科学中,有一个著名的"火箭公式",大致是说火箭在飞行过程中的速度变化,和火箭发射前后的重量的比例的对数成正比。如果想要足够快的行星际航行,火箭的飞行速度,要从发射时候的零到变到很大,才能逃逸地球的重力陷阱,进入太阳轨道。最后,又要减慢速度,才能行进入其他行星轨道或者着陆。简单的数学推导可以发现,这样大的速度变化,会导致火箭发射时候所携带的燃料和火箭的有效载荷成指数级别的关系。不大精确地说,如果要送一个载人航天器和所需的设备,食物等在半个月之内到火星的话,我们要把波斯湾一天出产的石油全部装在火箭里作燃料才行,而这需要一个十几千米高的火箭。所以,科学家一度认为,仅靠喷气式引擎,人类不要说星际航行了,在足够短的时间里飞到太阳系的其他行星都是个大问题。

其实这个问题早就有了解决的方法。1918年苏联科学家夏格尔就提出,如果想要行星际旅行中航天器的速度加快,一个方法是让航天器掠过一个运动的行星。因为行星本身也是运动的,航天器能够获得两倍行星速度的加速。这就好比用一个运动的铁球去撞一个玻璃球,玻璃球能够反方向弹开,而且还能获得两倍的铁球的速度。在这个巧妙方法的协助下,美国的水手10号探测卫星掠过金星被推送到了目的地水星,而著名的旅行家号,更是利用100多年一遇的行星排列的机会,一举掠过木星、土星、天王星和海王星。现在,凡是NASA的行星探测器,没有一个不是通过掠过其他行星的方法获得加速到达目的地的。

如果对速度没有要求,太阳系行星间旅行还有另一种方法,就是利用行星的合力。如果一个人类卫星位于两个行星平面上的某些点的话(黑话讲叫三体问题的拉格朗日点),这个卫星受到两个行星重力的合力的效果,能够让卫星处于一个相对两个行星静止的位置。因为行星本身是运动的,所以卫星完全以不消耗能量或消耗极低能量的方式在太阳系里面按照一定轨道运行。只要精确地计算和利用这些轨道,卫星就能在太阳系里面以一种非常节能的形式从一个点滑到另一个点,当然需要的时间可能巨长无比。

太空移民如果需要快速进行星际旅行的话,最大的障碍是我们目前的空间飞行技术——化学燃料火箭——无法用于长距离的深空飞行。虽然我们已经可以把机器人探测器送往了外太阳系,但是整个行程要花上好几年的时间。

对于造访其他的恒星,根本就是不可能的事。"阿波罗"10号是迄今速度最快的载人空间飞行器,最高速度达到了每小时39,895千米。即使以这个速度飞行,那么到达距离我们最近的4.2光年远的地球比邻星也要花上12万年。

因此,如果我们真的想进行深空星际旅行,并且前往比邻星以及更遥远的地方,那么就需要新的技术。下面你将看到其中最有趣的11种新技术设想。

超空间发动机

《苏格兰人报》和《新科学家》报道,美国空军和NASA目前正在秘密研究一种史无前例的飞行动力装置——"超空间发动机"。一旦研制成功,人类将可以乘坐太空船在太空高速飞行,从地球飞往火星将只需3小时,而飞往11光年之外的星球也只要80天。据称,如果一切顺利,科学家将在5年之内制造出"超空间发动机"的样机并进行相关测试。

据悉,"超空间发动机"的理论基础,来自上世纪50年代已故德国物理学家巴克哈德·海姆首次提出的一个颇具争议的宇宙构造理论。该理论称,如果能由"超空间发动机"创造一个足够强大的磁场或重力场,那么身处其间的物体(如太空船)就将"进入"另一个完全不同的"多维空间"。

前景:5年左右

离子推进

离子推进器,又称离子发动机,其原理是先将气体电离,然后用电场力将带电的离子加速后喷出,以其反作用力推动火箭。这是目前已实用的火箭技术中,最为经济的一种。相关技术目前已经应用到一些太空飞船上,比如日本的"隼鸟"太空探测器和欧洲的"智能1号"太空船等,而且技术已经取得了很大的进步。

离子推进器将电能和氙气转化为带正电荷的高速离子流,金属高压输电网对离子流施加静电引力,离子流获得加速度,加速后的离子使推进器获得时速高达143201千米的速度,推动航天器前进。离子发动机的燃烧效率比常规化学发动机的高大约10倍。

欧空局已经将电推进作为未来十大尖端技术之一。目前法国正在研制稳态等离子体推力器,欧空局准备应用氙离子推力器。

可行性:数年后或将实现。

核脉冲推进

核脉冲推进装置,即用小型氢弹爆炸产生动力,一颗氢弹的爆炸威力相当于1000吨黄色炸药,每隔3或10秒钟爆炸一次,10天之内就可以使飞船加速到1万千米/秒的速度,据计算约280年可以达到天狼星附近。

英国星际航行协会在1973年成立了一个科学家小组,设计了一艘飞船,号称"代达罗斯"号自动飞船,设想飞船飞往离地球6光年的巴纳德星,此飞船总长200米,初始质量5.4万吨,有两级组成,都采用核脉冲动力推进,两级的核燃料分别为4.6万吨和4000吨。理论上,一艘由核弹驱动的飞船可以达到光速的十分之一,这使得到距离我们最近的恒星只需要40年。

前景:完全可能

核聚变动力火箭

核聚变动力火箭是指利用核聚变产生动力,推动火箭前进。在核聚变反应中,核子被迫进行聚合从而产生巨大的能量。2009年12月,英国《新科学家》网站,认为这种技术有可能在数十年之后实现。

但遗憾的是,科学家经过了数十载的努力,至今仍没有造出一个能正常工作的核聚变反应堆。人类已经知道如何引爆氢弹(氢弹爆炸时发生核聚变反应),但却无法掌握控制技术。不过,聚变技术已不再遥远。一旦科学家掌握了受控核聚变,那么他们将控制反应中产生的带电粒子,并让它们从喷口喷射而出。从核聚变反应堆喷出的粒子能使二级火箭的速度达到光速的12%。核聚变火箭需要的燃料大约也是200万吨,不过不需要厚厚的防辐射层,这意味着利用这种动力的空间仪器体积要小得多。

前景:可能,但至少还要几十年

星际冲压发动机

星际冲压发动机也叫巴萨德冲压发动机(Bussard Ramjet),因为它是美国物理家巴萨德(Robert W. Bussard)在1960提出来的。典型的巴萨德冲压发动机其实也是一种核聚变发动机,但巴萨德在燃料来源上却有一个天才的设想。

按照设想,由于飞船拥有无限的燃料补给,所以它可以一直加速直到接近光速,在这样的速度下,爱因斯坦的相对论效应将发挥明显的作用,从而在飞船的成员看来可以在20年里就抵达银河系的中心(当然,只是因为飞船的高速才导致的时间变慢,在地球人看来仍旧需要3万年才

第四部分 逃离地球方案与人类技术

能到),甚至能在他们的有生之年环绕宇宙。

不过,这都是理论上的设想,在实际中,制造这种飞船却有许多技术上和实践上的困难。

第一,这个飞船的速度必须首先达到光速的6%才能让发动机开始工作,因为只有达到这个速度,才能让氢收集器收集到足够的氢作为燃料,可是光速的6%,也就是每小时6400万公里的速度对于现在的人类技术来说实在是个遥不可及的目标。

第二,我们目前的技术无法使用普通的氢来进行热核反应,所收集到的氢中,只有1%是适合能作为燃料使用的氢同位素氘和氚,也就是说绝大部分都是谷糠,只有小部分才是米,这会让加速度根本达不到1g,而可能仅仅是地球重力加速度的1/1000而已。

第三,磁场漏斗的直径需要高达5万公里以获取足够的燃料,但当高速飞行的时候,这个磁场将产生巨大的拖滞效果,就如同我们推着一个大木盆游泳时的效果一样,通过计算,这样的飞船其实无法达到接近光速的速度,最多只能达到光速的16%。

第四,这个磁场如何运作也有难点,因为当磁场的磁力线在燃料收集口汇聚到一起的时候,磁场就开始把所有的离子弹开而不是继续拉进来,结果这个磁场漏斗变成了个磁力瓶,把星际物质收到飞船前面变成一个圆锥体,但却阻止它们作为燃料注入发动机。

第五,这个飞船需要提供大量能量给磁场以及电子束或者激光,对于一艘无人飞船来说,磁场要超过1千万特斯拉(特斯拉:磁通量密度的国际单位,等于1韦伯/平方米),产生这样的磁场无疑需要巨大的能量,更不用提用来将大范围的原子电离的激光或者电子束了。

前景:巨大的挑战

太阳帆

著名天文学家开普勒早在400年前就曾设想过不携带任何能源,仅依靠太阳光的能量使飞船驰骋太空的可能性。他曾指出,彗星烟雾状的尾部就是在太阳光影响下"不断飘动的"。开普勒还计算出太阳光可为宇

199

逃离地球——当科学遭遇末日预言

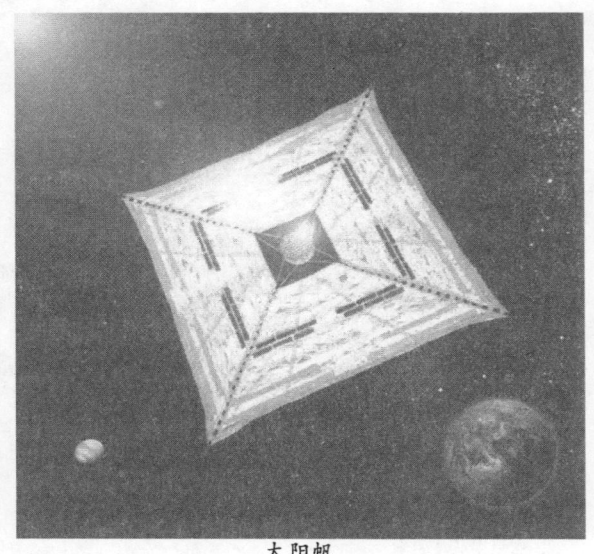
太阳帆

宙飞船提供的具体推力。

利用太阳光的光压进行宇宙航行的一种航天器，由于这种推力很小，所以不能为航天器从地面起飞，但在没有空气阻力存在的太空，这种小小的推力仍然能为有足够帆面面积的太阳帆凭借太阳光压的加速，它可以从低轨道升到高轨道，甚至加速到第二、第三宇宙速度，太阳帆理论上最高速度是光速的2%，也就是6000km/s。飞离地球，飞离太阳系。如果帆面直径为300米，可把0.5吨质量的航天器在200多天内送到火星。如果直径大到2000米，可使5吨质量的航天器飞出太阳系。

据2008年美国宇航局网站(NASA)报道，太阳帆飞船很可能是人类未来星际旅行的唯一希望，它无须火箭燃料，只要是在有阳光的地方，它都会不断获得动力加速飞行。

2010年6月，日本宇宙航空研究开发机构称，已确认"Ikaros"太阳帆飞船的帆成功展开，并公开了飞船上摄像头拍下的图像。该飞船在太空中像船帆一样展开薄膜，以太阳光的微小压力作为前进动力。

美国宇航局先进概念研究所专门研究太阳帆的朱布伦博士表示，太阳帆是人类最伟大的发明之一。银河系中有约4000亿颗发光的恒星，现在已经发现的宇宙中类似银河系的星系约1500亿个，这些数量极其巨大的恒星产生的光，有可能把太阳帆飞船送往人类想去的任何地方。

前景：完全可能

磁帆

第四部分 逃离地球方案与人类技术

磁帆还是很新的概念，由Robert Zubrin和Dana Andrews提出。光帆利用的是光压，而磁帆利用的是恒星风（在我们太阳系自然就是太阳风）。

磁帆的结构很简单，就是用一个直径几毫米的超导电缆（由于太空中的低温，实现超导很容易）来构成一个环。从而产生磁场偶极（dipole），并在太阳风中航行，它还能通过调整环的方向来产生一些浮力，从而能进行航向控制。

由于结构简单，磁帆恐怕要比光帆更轻也更便宜。而且也可以像发射激光那样，用粒子加速器向磁帆发射带电粒子，而效率可以比激光好大约6倍。并且，让磁帆减速和机动远远比光帆容易。

然而，磁帆不适合星际旅行。当它们逐渐远离太阳的时候，阳光和太阳风的强度就会迅速下降。

前景：仅适于用太阳系旅行

射束能量推进技术

射束能量推进技术，即利用定向能量射束，加热航天器推进剂或者向其发动机输送电流。通过取消火箭自身的能源，射束能量推进技术使航天器发射变得更廉价，更可靠。目前研究人员正在开发陆基激光器系统，利用这种系统加热燃料，如氢燃料，达到一个更易控制的温度。利用外部光源可以减轻火箭自身携带的系统重量和质量，为科学有效载荷留出空间，并提供更大的推力。一名洛克希德·马丁公司航天系统公司管理人员表示，大气干涉可能对射束造成影响。他称，尽管该系统能够产生足够的动力，并降低成本，但它要成为切实可行还需20年。

当进行星际旅行的

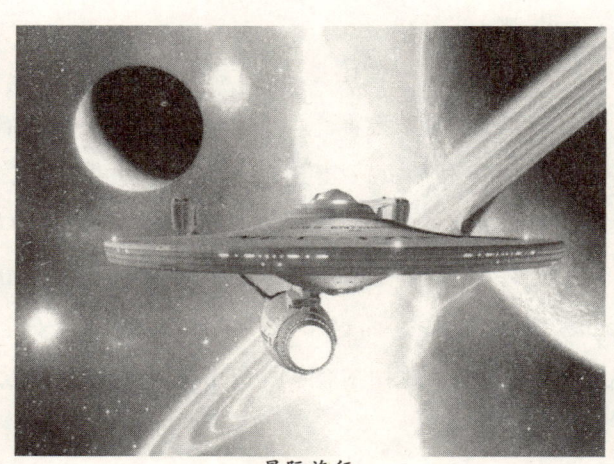

星际旅行

时候，最好的办法可能是使用激光来推动光帆。罗伯特·福沃德（Robert Forward）在1984年的一篇论文中首次提出了这一构想。

前景：很有可能性

曲速引擎

1994年物理学家米盖尔·阿尔库比雷（Miguel Alcubierre）首次提出了类似《星际迷航》中的弯曲引擎。

曲速（Warp）与曲速引擎（Warp drive）有二重涵义，皆关于超光速航行。原先出现在科幻领域中的星际奇旅（Star Trek）之中，后来也涉及到理论物理的一种时空模型。在科幻影片星际迷航（Star Trek）的虚拟宇宙中，曲速引擎是一种超光速（faster-than-light, FTL）的推进装置。超空间引擎（Hyperdrive）与跳跃引擎（jump drive）是科幻中超光速航行会运用到的其他办法。

2002年发表的计算证明，对于飞船而言无法往"弯曲泡"的前方发送信号，这就意味着宇航员将无法操控飞船。事实上，无论能提供多少能量，物理上似乎都不可能产生这样的"弯曲泡"。美国科幻电影《星际旅行》中，21世纪中期，工程师科柯伦发明了可以超光速旅行的"曲翘发动机"。

前景：不太可能

虫洞

由阿尔伯特·爱因斯坦提出该理论。简单地说，"虫洞"就是连接宇宙遥远区域间的时空细管。暗物质维持着"虫洞"出口的敞开。"虫洞"可以把平行宇宙和婴儿宇宙连接起来，并提供时间旅行的可能性。"虫洞"也可能是连接黑洞和白洞的时空隧道，所以也叫"灰道"。

据科学家猜测，宇宙中充斥着数以百万计的"虫洞"，但很少有直径超过10万公里的，而这个宽度正是太空飞船安全航行的最低要求。"负质量"的发现为利用"虫洞"创造了新的契机，可以使用它去扩大和稳定细小的"虫洞"。

科学家指出，如果把"负质量"传送到"虫洞"中，把"虫洞"打开，并强化它的结构,使其稳定,就可以使太空飞船通过。而如果"虫洞"可以用于穿越空间,那它也就能成为某种时间机器,这将破坏因果律。

前景:几乎不可能

超太空折叠

如果宇宙在我们所处的三维空间之外还存在更多的空间维度,那就有可能驾驶飞船穿越它们。

前景:理论尚不完善

6.生物技术

太空移民的探讨集中在航空、生物等应用技术方面,人类的生理特性也是外星移民的关键所在。太空生物科学的研究已经在世界很多国家开展,这包括:空间医学综合研究;重力生物学研究;辐射生物学研究;受控生态生保系统研究;空间生物学效应研究;太空低重力、低磁场生物效应研究等。

地球上面的生物,从最早的细菌出现开始,到细胞、动植物、脊椎动物、人类的诞生,在漫长的进化过程中生物没有那一刻离开过地球到地球以外的环境中生存。在地球的大环境下,依据其自然条件和生物基因的特性,设计、适应、再设计、再适应,不断循环,每一次循环是上一次的改进和再适应。这一过程用了40亿年时间,才有了我们现在的生物环境和人类,生物已高度适应了地球的环境和环境的变迁,我们人类已是地球自然条件环境下的特化产物。人类要外星移民,不可避免的要解决在太空长期保持正常自身的生活问题,如太空环境与地球环境大不相同,那里没有空气,没有重力,充满危险的太空辐射等等。科学家对此也做了大量的研究。

首先,重力磁场等环境因素的改变要影响人类的生殖并且时时刻刻影响、决定着新生儿的成长过程。一位法国科学家发现,在失重状态下,活细胞的重要结构不能正常成形。这就意味着人类不能在接近失重状态下长期生活和繁殖。

另外,设想我们能将宇宙飞船的速度再提高二三百倍,达到光速的百分之一,那么我们到达最近的恒星再返回需要一千年,如果飞船从宋朝出发,现在就快回来了。在这样长的时间里,像哥伦布那样带足淡水和粮食是不太可能的。当然,应该考虑到冬眠这个办法。

冬眠也叫"冬蛰"。某些动物在冬季时生命活动处于极度降低的状态,是这些动物对冬季外界不良环境条件(如食物缺少、寒冷)的一种适应。熊、蝙蝠、刺猬、极地松鼠、青蛙、蛇等都有冬眠习惯。

生化学家马克·罗斯认为,所有哺乳动物可能都具有"冬眠"潜在能力,甚至人类也具有这种能力。而科学家所要做的就是打开这个潜在的开关,按照需求进行冬眠状态的转换。

据英国《泰晤士报》5月27日报道,马萨诸塞州总医院的哈桑·阿拉姆是外科创伤研究专家,也是美军的医学顾问。他目前正在研究如何让遭受重创的病人在被送往医院的途中进入"休眠"状态,为最后的救治争取时间。

美国加州大学洛杉矶分校和匹兹堡大学的研究者们则显得更加雄心勃勃,他们认为"可以从接受实验者休眠20分钟开始,接下来是几天、几周、几个月,最后极限达到多久还不能预计"。但是,科学家也表示,休眠并不能令人"永生"。处于休眠状态的人,头发和指甲都在生长,身体也在慢慢变老,就像陷入昏迷一样。休眠状态中人们的排泄物如何处理也是一个需要解决的问题。

20年前,美国国家航空航天局(NASA)曾试图运用"人工诱发冬眠"技术,帮助宇航员在执行太空任务的漫长旅途中保持生命,但这一计划最后以失败告终。2004年欧洲航空局重启了"人类休眠"计划。

如果让宇航员在漫长的太空航行中进入"冬眠",对食物的需求将大大减少,同时新陈代谢也将减慢,宇航船将会变得更轻,可以携带更少的

第四部分 逃离地球方案与人类技术

燃料。这也可以解决诸如心理压力、孤独症等棘手问题,为载人航天器登陆遥远的星球铺平道路。欧航局希望,如果这种"冬眠系统"及时发明出来,那么他们将在2033年发射飞船,派人类登陆火星。

　　人类宇宙航行的最终目的与大航海时代一样,是要在那些遥远的地方开辟新世界。在那遥远的星系建立一个新世界,无疑是要去很多人的。即使采用冬眠方式,在到达目的地后这些人也要醒来去开拓新疆域,在把那里的行星变得人类可以生存之前,他们还是要依靠飞船上的系统生活,而这个阶段可能长达几个世纪。一篇获本届星云奖提名的小说《航程中》(《The between days》)就描述了这样的困境:一艘载有上百名乘员的宇宙飞船,飞向距太阳四十多光年的一颗恒星,计划在那里的行星上开辟一个人类新世界。全部航程需两个世纪,这期间飞船上的所有人员都处于冬眠状态。由于一次意外事件,一名乘员在飞船启航不久就苏醒了,而且无法再次进入冬眠,只能在飞船上孤独地度过自己的下半生。他又活了六十多年,吃掉了飞船上给养相当大的一部分,这些食物贮藏是为这些星际移民到达目的地后准备的,为此,这名孤独的人在死前留下了一封道歉信。其实,即是没有这位苏醒者,飞船上的给养又够这上百人维持多长时间?所以,过去海上航船那种自带粮草的方式,可能只适合于太阳系内的航行,在恒星际航行中,飞船必须是一个自给自足的生态循环系统。

　　美俄等国已在空间站上培育了豌豆、小麦、玉米、稻谷、洋葱、兰花等100多种植物,果蝇、蜘蛛、鱼类等动物在失重状态下也可以生长、繁育。如果这种技术能应用到未来星球上,人类的生存问题就容易解决了。美国宇航局在地面隔离舱的实验,已经通过冷凝空气中的水蒸气、回收废水和尿成功地让水循环利用了90天。

　　人作为一种适应重力环境下在有氧大气环境中生存的生物,按构造而言是仅仅适应在类似于地球环境的星球中生存的,要进行大规模的星际旅行,要么人为地建造拥有类地球环境的飞行器,要么从人的本身构造入手,利用基因技术人为地将人本身进行"进化",使人的构造适应于

205

星际旅行,或许有一天,人类会这样干的,但是切记一点,人永远不是上帝,利用基因技术将人类进化成"太空人",或许在一时使人真正拥有了探索无限星空的能力,或许这也是地球人类文明覆灭的开始。

总而言之,对人类而言要进行星际旅行,最稳妥的办法就是在类地球环境的模拟上下功夫。空间4X类游戏给我们提供了许多遐想的空间,比如说MOO2,人类后期可以开发大气控制器,环境控制器,循环技术等等。循环技术的应用使人类的资源得到充分的应用,大大降低了消耗。到后期发展的那个超级植物更是奇妙可以在任何星球种植,借给人提供生存所需的自然环境。

从国际发展动向来看,利用空间微重力资源解决重力的细胞生物学问题;发展空间生物加工有关的空间生物技术造福于民,深入研究人在空间的医学与生理学问题,保障宇航员长期健康的空间工作和生活;开展受控生态生命支持系统中基本生物学问题的研究,着手解决增强人在空间自主性问题,是21世纪空间生命科学和空间生物技术的主要发展方向。

7.其他技术

空间天文学

利用空间飞行器在地球稠密大气外进行天文观测和研究的一门学科。人们通过接收宇宙天体的电磁辐射来研究它们的物理状态和过程。

空间天文学的诞生,使天文学又出现了一次大的飞跃。所研究的星空迥异于地面光学和射电天文观测到的星空。可以说,现代天文学的成就,很多都与空间天文学的发展有关。它改变了对宇宙的传统观念,对高能天体物理过程、恒星和恒星系的早期和晚期演化、星际物质等的了解,加深了对宇宙的认识。

第四部分 逃离地球方案与人类技术

空间地质学

空间科学的分支学科。它是应用地质学、地球化学和地球物理学的原理和方法研究太阳系各类天体的物质组成、地质构造、内部构造和地质演化过程的一门新兴学科,亦称宇宙地质学或天体地质学。它的发展与空间科学技术、天文学、地质学和空间化学的研究进展密切相关。空间地质学的研究成果可为探讨早期太阳星云内化学元素的分馏、太阳星云物质的凝聚、聚集和吸积作用,太阳系各类天体形成的物理化学条件和部位,以及吸积形成行星后的热历史提供重要的依据。研究的主要领域有:行星地质学、卫星地质学、宇宙矿物学等。

1877年俄国学者列谢维奇根据对陨石和行星望远镜光谱学的研究,首次应用"天体地质学"这一术语。20世纪50年代以前,人类仅能从地球上用望远镜对月球和其他天体进行观测,了解其形状、大小、密度及表面特征,并通过天体的反照率和反射光谱推测它们表面的物……

> 我们的地球,正超负荷运转。我们的家园,正走向衰亡。人类的警钟是自己把她敲响。挽救自然,挽救生态,挽救环境,挽救地球已刻不容缓。否则,人类的末日将是自己酿造的一杯毒酒。

第五部分 警惕,挽救,回归

1. 末日预言世界认知

玛雅人曾经预言2012年12月22日是世界末日,2009年一度流行的美国大型科幻片《2012》就说2012年12月22日是世界末日。这部影片在全世界范围内传播,也引起一部分人的恐慌。

人类早在数千年前就预测世界末日会到来。可是,这些个预言一个接一个地被证明是假话。事实上,许多人明明知道这只是一种迷信和骗局,但还是在心中存在不同程度的疑虑,主要原因在于人们对未知灾难的恐惧。美国宇航局天体生物学研究所也曾收到过许多民众关于此事

第五部分 警惕,挽救,回归

的质疑信件或网上留言。近日,该研究所资深科学家大卫·莫里森等人针对神秘的玛雅预言给普通大众——进行了科学的解读,对某些荒诞的言论进行了批驳。

玛雅人把这个"大周期"划分为十三个阶段,每个阶段的演化都有着十分详细的记载。在十三个阶段中每一个阶段又划分为二十个演化时期。每个时期历时约二十年。这样的历法循环与中国的"天干"、"地支"十分相似,历法是循环不已的,而不是像西元纪年一直线似的没有终点。

从玛雅预言中"大周期"的时间上看,到今天已经接近尾声了。从1992年到2012年这二十年中,我们的地球已进入了"大周期"最后阶段的最后一个时期。玛雅人认为这是"同化银河系"之前的一个十分重要的时期。他们称之为"地球更新期"。在这个时期中,地球要完全达到净化。而在"地球更新期"过后地球将走出银河射线,进入"同化银河系"的新阶段。

玛雅文明的预言中说到公元2012年地球会发生完全的变化,进入新的时代,不是说世界要毁灭了,他们有我们不能理解的科学作为根据提出预言,我们不要认为是世界末日,因为玛雅人并没有预言2012年是世界末日。不过,玛雅人确实遗传下来了一本手卷,也就是著名的"德雷斯顿抄本"。在"德雷斯顿抄本"的最后一页,有关于世界末日场景的描述。不过,这种世界末日的假想在许多文化中都有存在,并不仅仅是玛雅人才有的预言。阿维尼认为,这种设想并不能当作证据来看待,更不能看作是一种预言。玛雅历法并没有结束于2012年,因此,玛雅人也没有把这一年当作是世界的末日。不过,2012年12月21日(冬至)肯定是玛雅人的一个重要日子。玛雅预言中关于2012年12月21日是世界末日的说法是一种被误解的说法。那一天是玛雅历法中重新计时的"零天",表示一个轮回结束,一个新的时代的开始,而并非指世界末日。

一些星象学家认为,2012年将可能会出现"天体重叠"。这种"天体重叠"现象每2.6万年出现一次。根据"天体重叠"的预言,太阳在天空中的线路将会穿过银河系的最中央。许多人担心这种天体错位将会让地球处于更为强大的未知宇宙力量的牵引之下,会加速地球的毁灭。要么可能是引起地球两极互换,要么是在银河系中心形成一个巨大的黑洞。

莫里森坚决否认了这种说法。他解释说,"2012年绝对不会出现这种可怕的'天体重叠'现象,或者说只会出现一些正常的天体现象。比如每年冬至时,从地球上看太阳,太阳看起来就像是处于银河系的中央。一些星象学家或许会对这种现象很兴奋,但对于科学家来说,这种现象毫无特别之处。它不会造成地球引力、太阳辐射、行星轨道等事物的变化,也不会对地球上的生命造成任何影响。没有任何奇怪之处。只有认为世界即将面临末日的人才会把这些普通的天文现象看作是一种威胁。"

关于"天体重叠"问题,德克萨斯大学玛雅专家大卫·斯图亚特介绍说,"没有任何玛雅古书或艺术品提到过这个问题。"

关于预言太阳风暴袭击地球,莫里森解释说,"除非是太阳已明显不遵循其活跃周期。我们预计,太阳耀斑这个周期的最顶峰并不是2012年,而在之后的一两年。"

关于Nibiru行星撞地球,上世纪70年代,考古学家发掘6000年前的苏美尔文明遗迹时发现了一张雕刻在石板上的星图,除了人类已知的11个天体外,还有一颗连现代人都没发现过的星球——Nibiru行星,最著名的说法是它于2003年、2012年和2085年撞地球。

科学解疑,这颗行星不存在。Nibiru行星只是个流传于网上的恶作剧,它根本就不存在。试想如果Nibiru行星真的会在2012年撞向地球,天文学家至少在10年前就已经能跟踪到它了,现在至少能用肉眼看到。

地球的确经常会被小行星或流星撞击,但大的撞击极为罕见。NASA的天文学家正在进行名为"安全太空"的调查,旨在观测是否有大型天体可能接近地球,行星撞地球的可能,微乎其微。

虽然科学家们振振有词,但是仍然被有的人提出了以下质疑,比如:如果玛雅历法的"零天"代表的新的开始,的确不是说地球毁灭,那是不是也可以说代表着洪水淹没世界,变成没有大陆只有海洋的最初呢?地球最开始时就是只有海洋的,那么就可以理解为,从海洋生物开始进化,重新来一次轮回。

源自于中美洲的玛雅古文明,最早分布于南墨西哥、危地马拉、洪都拉斯及萨尔瓦多等地,虽然公元前2000多年形成的玛雅文明早已被各种天灾人祸给毁灭,但却辗转留存了让人惊讶的玛雅历法以及预言。个人以为,玛雅人的古文明有着惊人的神秘和现代科学无法解释的现象,这也是世界末日预言能引起全世界人类恐慌的重要原因之一。

"火星人"引来全美大骚乱。20世纪30年代,在全球经济危机的影响下,美国进入了空前的大萧条时期。美国历史作家威廉·曼彻斯特的一部专著,以生动而不失严谨的叙事风格,描绘了大萧条对美国社会各方面产生的强烈冲击,揭示了罗斯福新政经历的艰难险阻及其历史意义。1938年10月底,哥伦比亚广播公司将科幻小说《宇宙战争》以新闻形式播出,谎称"火星人入侵地球"。因节目太过逼真,在社会上引发了千百万人规模的大骚乱。

我们希望2012年的那一天,这样的"火星人"不会重来。虽然科学界一致认为地球是有一定寿命的,地球的生存环境已经发生了很大的变化,但是我们不希望在人类尚未准备好逃离地球的时候,末日提前到来。

2. 全球环境世界认知

20世纪60年代初,美国著名学者R·卡逊《寂静的春天》的出版,向人类敲响了生态危机的警钟。人口爆炸、土地沙化、资源枯竭、能源危机、环境污染这所有的一切已经使人类陷入了生存的"困境"。1972年,一个主要由科学家组成的非政府组织——罗马俱乐部发表了一份振聋发聩的研究报告《增长的极限》,向全人类宣告了能源与环境问题对人类社会与延续的终极制约,极大地影响了各国的经济生产方式,社会生活模式乃至政治发展内涵。1972年,第一次联合国人口环境与发展大会召开。《报告》在世界各地引起了巨大的反响,它"在人们面前打开了一个在过去实际上被人们搁置一边的生死攸关问题的重大领域"。

1972年6月16日联合国人类环境会议全体会议于斯德哥尔摩通过《联合国人类环境会议宣言》又称斯德哥尔摩人类环境会议,简称人类环境宣言。该宣言是这次会议的主要成果,以鼓舞和指导世界各国人民保护和改善人类环境。

其中有七点共同看法是:

①由于科学技术的迅速发展,人类能在空前规模上改造和利用环境。人类环境的两个方面,即天然和人为的两个方面,对于人类的幸福和对于享受基本人权,甚至生存权利本身,都必不可少。

②保护和改善人类环境,是关系到全世界各国人民的幸福和经济发展的重要问题,也是全世界各国人民的迫切希望和各国政府的责任。

③在现代,如果人类明智地改造环境,可以给各国人民带来利益和提高生活质量,如果使用不当,就会给人类和人类环境造成无法估量的损害。

④在发展中国家,环境问题大半是由于发展不足造成的,因此,必须致力于发展工作,在工业化的国家里,环境问题一般是同工业化和技术发展有关。

⑤人口的自然增长不断给保护环境带来一些问题,但采用适当的政策和措施,可以解决。

⑥我们在解决世界各地的行动时,必须更审慎地考虑它们对环境产生的后果。为现代人和子孙后代保护和改善人类环境,已成为人类一个紧迫的目标。这个目标将同争取和平和全世界的经济与社会发展两个基本目标共同和协调实现。

⑦为实现这一环境目标,要求人民和团体以及企业和各级机关承担责任,大家共同的努力,各级政府应承但最大的责任。国与国之间应进行广泛合作,国际组织应采取行动,以谋求共同的利益。会议呼吁各国政府和人民为着全体人民和他们的子孙后代的利益而作出共同的努力。

第五部分 警惕,挽救,回归

以这些共同的观点为基础的二十六项原则包括:人的环境权利和保护环境的义务,保护和合理利用各种自然资源,防治污染,促进经济和社会发展。使发展同保护和改善环境协调一致,筹集资金,援助发展中国家,对发展和保护环境进行计划和规划。实行适当的人口政策,发展环境科学、技术和教育。销毁核武器和其他一切大规模毁灭手段,加强国家对环境的管理,加强国际合作等。

这些原则申明了共同的信念:

1. 人类有权在一种能够过尊严和福利的生活环境中,享有自由、平等和充足的生活条件的基本权利,并且负有保护和改善这一代和将来的世世代代的环境的庄严责任。

2. 为了这一代和将来的世世代代的利益,地球上的自然资源,其中包括空气、水、土地、植物和动物,特别是自然生态类中具有代表性的标本,必须通过周密计划或适当管理加以保护。

3. 地球生产非常重要的再生资源的能力必须得到保护,而且在实际可能的情况下加以恢复或改善。

4. 人类负有特殊的责任保护和妥善管理由于各种不利的因素而现在受到严重危害的野生动物后嗣及其产地。因此,在计划发展经济时必须注意保护自然界,其中包括野生动物。

5. 在使用地球上不能再生的资源时,必须防范将来把它们耗尽的危险,并且必须确保整个人类能够分享从这样的使用中获得的好处。

6. 为了保证不使生态环境遭到严重的或不可挽回的损害,必须制止在排除有毒物质或其它物质以及散热时其数量或集中程度超过环境能使之无害的能力。应该支持各国人民反对污染的正义斗争。

7. 各国应该采取一切可能的步骤来防止海洋受到那些会对人类健康造成危害的、损害生物资源和破坏海洋生物舒适环境的或妨害对海洋进行其它合法利用的物质的污染。

8. 为了保证人类有一个良好的生活和工作环境,为了在地球上创造那些对改善生活质量所必要的条件,经济和发展是非常必要的。

9. 由于不发达和自然灾害的原因而导致环境破坏造成了严重的问题。克服这些问题的最好办法,是移用大量的财政和技术援助以支持发展中国家的努力,并且提供可能需要的援助,以加速发展工作。

10. 对于发展中的国家来说,由于必须考虑经济因素和生态进程,因此,使初级产品和原料有稳定的价格和适当的收入是必要的。

11. 所有国家的环境政策应该提高,而不应该损及发展中国家现有或将来发展潜力,也不应该妨碍大家生活条件的改善。各国和各国际组织应当采取适当步骤,以便应付因实施环境措施所可能引起的国内或国际的经济后果达成协议。

12. 应筹集基金来维护和改善环境,其中要照顾到发展中国家的实际情况和特殊性,照顾他们由于在发展计划中列入环境保护项目的任何费用,以及应他们的请求而供给额外的国际技术和财政援助的需要。

13. 为了实现更合理的资源管理,从而改善环境,各国应该对他们的发展计划采取统一和谐的做法,以保证为了人民的利益,使发展同保护和改善人类环境的需要相一致。

14. 合理的计划是协调发展的需要和保护与改善环境的需要相一致的。

15. 人的定居和城市化工作必须加以规划,以避免对环境的不良影响,并为大家取得社会、经济和环境三方面的最大利益。

16. 在人口增长率或人口过分集中可能对环境或发展产生不良影响的地区,或在人口密度过低可能妨碍人类环境改善和阻碍发展的地区,都应采取不损害基本人权和有关政府认为适当的人口政策。

17. 必须委托适当的国家机关对国家的环境资源进行规划、管理或监督,以期提高环境质量。

18. 为了人类的共同利益,必须应用科学和技术以鉴定、避免和控制环境恶化并解决环境问题,从而促进经济和社会发展。

19. 为了广泛地扩大个人、企业和基层社会在保护和改善人类各种环境方面提出开明舆论和采取负责行为的基础,必须对年轻一代和成人进行环境问题的教育,同时应该考虑到对不能享受正当权益的人进行这方面的教育。

20. 必须促进各国,特别是发展中国家的国内和国际范围内从事有关环境问题的科学研究及其发展。在这方面,必须支持和促使最新科学情报和经验的自由交流,以便解决环境问题。应该使发展中国家得到环境工艺,其条件是鼓励这种工艺的广泛传播,而不成为发展中国家的经济负担。

21. 按照联合国宪章和国际法原则,各国有自己的环境政策,开发自己资源的主权。并且有责任保证在他们管辖或控制之内活动,不致损害其他国家的或在国家管辖范围以外地区的环境。

22. 各国应进行合作,以进一步发展有关他们管辖或控制之内的活动,对他们管辖以外的环境造成的污染和其它环境损害的受害者承担责任和赔偿问题的国际法。

23. 在不损害国际大家庭可能达成的规定和不损害必须由一个国家决定的标准的情况下,必须考虑各国的价值制度和考虑对最先进的国家有效,但是对发展中国家不适合或具有不值得的社会代价的标准可行程度。

24. 有关保护和改善环境的国际问题应当由所有的国家,不论其大小,在平等的基础上本着合作精神来加以处理,必须通过多边或双边的安排或其它合适途径的合作,在正当地考虑所有国家的主权和利益的情况下,防止、消灭或减少和有效的控制各方面的行动所造成的对环境的有害影响。

25. 各国应保证国际组织在保护和改善环境方面起协调的、有效的和能动的作用。

26. 人类及其环境必须免受核武器和其它一切大规模毁灭性手段的影响。各国必须努力在有关的国际机构内就消除和彻底销毁这些种武器迅速达成协议。

联合国环境规划署(UNEP)发布的《全球环境展望:为了发展保护环

境》(简称GEO-4)指出,目前诸如气候变化、物种灭绝、越来越多的人口需要养活等威胁地球的主要问题中有许多尚未解决,而且所有这些问题都会将人类的生存置于危险境地。

这份报告是世界环境与发展委员会(布伦特兰委员会)在其创新性报告《我们共同的未来》发表20年之后推出的报告。据悉,GEO-4对全球目前诸如大气、土地、水资源、生物多样性等状况做出了评估,阐述了自1987年以来全球环境所发生的变化,并明确了要优先采取哪些措施。GEO-4是一份有关全球环境的涵盖内容最广的报告,由全世界大约390名专家起草,并经过全世界1000多人的审阅。

经济全球化的迅猛发展使其带来的全球性生态环境问题也迅速凸显,气候变暖,臭氧层空洞已经成为街谈巷议的话题,使人类的全球意识增强,使加强环境合作,共同对付这些问题的需求上升,使全球环境管理的制度机制也在迅速形成。全球化对生态环境的正面影响主要有以下几方面:

首先,经济全球化必然伴随着观念文化的全球化和信息流动的全球化,促进国际社会环境意识的提高。全球化使在发达国家和国际环境组织对环境研究与监控取得的环境数据和信息传播到全世界,促进了环境资源信息共享,为决策者把环境纳入经济社会发展规划创造了前提条件。二是全球化把可持续发展的理念以及资源生态环境危机的意识传播到全世界并取得了广泛的认同,这是实现全球可持续发展的基础。西方发达国家由于较早遇到了生态环境问题,一些有社会责任感的科学家很早就开始思考环境问题,在这个过程中,新型价值观的一些核心理念不断形成。人类是自然的一部分,经济是生态系统的子系统;要在地球的生态与资源的极限内生活,增长不等于发展,人与自然和谐可持续的发展才是真正的发展;我们只有一个地球,我们的未来是共同的;人类对资源的开发和对生态环境的破坏已经威胁了人类自身的生存等,这些产生于发达国家的科学理念,通过全球化的传播如今已经成为共识,促进了公众环境意识的提高。国际社会各个层面从专家、环保人士到普通民众,从

第五部分 警惕，挽救，回归

各国政府、国际组织到非政府组织以及公司企业都在不同程度上开始关注我们的地球，关注生态环境问题，这是环境问题能够真正解决的前提条件。

其次，经济全球化拓展着国际环境合作，正在使全球环境保护制度化。1999年，在瑞士达沃斯举行的世界经济论坛上，联合国秘书长安南在发言中提醒人们注意，全球市场拓展太过迅速，以至于社会和政治系统还不足以完全适应它们。他呼吁参加本次论坛的企业界领袖和联合国共同合作，以缔结一项新的包括"人权、劳工标准和环境实践等领域的一系列核心价值"的全球性协议，并且制定相应的法律。实际上，这些年随着全球化的发展，国际环境合作从政府间合作、国际组织与各国政府合作、非政府环境组织与国际组织合作、跨国公司与驻在国政府合作、区域环境合作都有了很大发展，并推动着国际环境保护机制的形成，包括：召开全球峰会，各国和国际组织共同制定国际环境宣言和行动计划，明确全球环境保护的方向。举行多边环境谈判，制定相关的国际公约、协定，就一般原则和制度性机制达成一致，再通过议定书为缔约方规定具体的权利和义务，推动共同关注的问题的解决。建立全球环境基金，帮助发展中国家应对全球环境问题，履行国际公约。建立全球环境监测系统，并由相关的机构进行全球环境评估，为国际环境保护提供科学依据。制定环境管理标准和生态环保标志，引导公司企业和公众在生产和消费时考虑环境因素……这一切，使全球环境保护正在向制度化方向发展。

第三，全球化刺激了各类非政府环境组织的大量涌现，形成了全球性的环境运动，推动着环境问题的解决。与环境问题相关的非政府组织已经数以万计。绝大部分非政府环境组织都是在上个世纪80年代以后形成的，或在此间获得巨大发展的。这一方面与环境问题产生的巨大压力有关，另一方面则是由于全球化的发展。一些非政府环境组织，如地球之友、绿色和平组织、世界自然基金组织等都是拥有数百万成员的国际性组织，通过电子邮件和因特网等渠道，他们逐渐组织起了一系列强有力的国际性网络。他们的存在及活动推动了真正的全球性环境运动。非政府环境组织不仅在一些国家而且在全球范围内都具有影响力,它们是联合国解决环境问题的盟友。

总而言之,近年来,人们的环保意识空前提高,越来越多的人开始关心和参与环保,支持政府为改善环境所作出的努力。

3. 简述世界环保组织

比较知名的世界环保组织如下:

1.联合国环境规划署

联合国环境规划署

联合国环境规划署(UNEP——United Nations Environment Programme,简称UNEP)成立于1972年,总部设在肯尼亚首都内罗毕,是全球仅有的两个将总部设在发展中国家的联合国机构之一。所有联合国成员国、专门机构成员和国际原子能机构成员均可加入环境署,到2009年,已有100多个国家参加其活动。在国际社会和各国政府对全球环境状况及世界可持续发展前景愈加深切关注的21世纪,环境署受到越来越高度的重视,并且正在发挥着不可替代的关键作用。

联合国环境规划署的主要职责是:贯彻执行环境规划理事会的各项决定;根据理事会的政策指导提出联合国环境活动的中、远期规划;制订、执行和协调各项环境方案的活动计划;向理事会提出审议的事项以及有关环境的报告;管理环境基金;就环境规划向联合国系统内的各政府机构提供咨询意见等。

2. 国际环境情报网

国际环境情报系统(International Environment Information System),是联合国环境规划署下属的一个全球性环境情报交流网络。1975年开始筹建,1977年正式投入运行。最早称国际环境资料源查询系统(IRS),又称联合国环境规划署环境资料源查询系统。该系统的规划活动中心(PAC)设在肯尼亚首都内罗毕的联合国环境规划署总部内,负责协调全系统的运行。现有155个成员国,分别由各该国政府指定设立国家联络点。该系统的主要活动是利用分散在各成员国和国际机构中的6000多个国际资料源(包括32个专题资料源)所拥有的信息资源向任何情报用户、尤其政府决策部门及各层次的决策人员提供及时、准确、可靠的环境信息和经验。该系统所拥有的信息资源涉及1000多个环境主题,覆盖环境与发展的几乎每一个方面。该系统的主要查询工具是《国际资料源概览》,每5年修订一次。中国于1977年6月加入该系统,同时指定中国科学院生态环境研究中心(原环境化学研究所)为该系统的中国国家联络点。

3. 绿色和平组织

1970年由工程师麦克塔格特发起。1971年,12名怀有共同梦想的人从加拿大温哥华启航,驶往安奇卡岛(Amchitka),去阻止美国在那里进行的核试验。他们在渔船上挂了一条横幅,上面写着"绿色和平"。尽管在中途遭到美国军方阻拦,他们的行动却触发了舆论和公众的声援。次年,美国放弃在安奇卡岛进行核试验。在此后的30多年里,"绿色和平"组织逐渐发展成为全球最有影响力的环保组织之一。该组织继承了创始人勇敢独立的精神,坚信以行动促成改变。同时,通过研究、教育和游说工作,推动政府、企业和公众共同寻求环境问题的解决方案。"绿色和平"组织在中国的环保项目包括气候与能源项目——致力于减缓由燃烧煤、石油和天然气等化石燃料造成的气候变化,还有致力于消除有毒污染物的污染防治项目,森林保护项目等。

4.绿党

绿党标志

全球的绿色革命引起绿党,作为一种政治力量在全球的崛起,绿党是提出保护环境的非政府组织发展而来的政党,绿党提出"生态优先"、非暴力、基层民主、反核原则等政治主张,积极参政议政,开展环境保护活动,对全球的环境保护运动具有积极的推动作用。

世界上最早的绿党是1969年成立的新西兰价值党。绿党在20世纪后半期开始在欧洲扩散,最著名的就是德国绿党。西方的绿党,主要是在80年代以后逐步发展起来的。首先在原联邦德国出现,并于1980年1月成为政党。目前,在美国、英国、比利时、荷兰、瑞典、法国、意大利、奥地利、卢森堡等欧洲大部分的国家都有绿党,除了欧洲之外,已经成立绿党的有新西兰、澳大利亚、非洲。而台湾绿党成立于1996年1月25日。

全球的绿党都有一个特性,就是他们提倡生态的永续生存及社会正义。这使得绿党明显地与传统的资本主义派与社会主义派大不相同。第二个值得注意的特色是绿党是由社会运动的行动者组成的,他们代表了政治上的弱势团体或是少数族群。

简而言之,绿党是社会运动者的政治延伸。绿党的兴起,不仅改变了欧洲各国的政治格局,而且也影响到世界格局的发展趋势。

在美国,作为第三党,据调查显示,在过去的两年里只有绿党的成员在增加。

5.西欧保护生态青年组织

该组织于1988年9月成立于比利时的列日,由法国、英国、比利时、葡萄牙、西班牙和瑞典等西欧国家的保护生态青年组织组成。

6.国际自然和自然资源保护协会

全名为International Union for Conservation of Nature and Natural Resources,缩写为IUCN,该组织历史悠久。1948年即在瑞士格兰德成立,是政府及非政府机构都能参予合作的少数几个国际组织之一。由全球81个国家,120位政府组织,超过800个非政府组织,10,000个专家及科学家组成,该组织共有181个成员国,实际工作人员已超过8500名。组织每3年召开一次世界自然保护大会(World Conservation Congress)。IUCN旨在影响、鼓励及协助全球,保护自然的完整性与多样性,并确保在使用自然资源上的公平性,及生态上的可持续发展。

7.大自然保护协会

大自然保护协会The Nature Conservancy (TNC)是世界上最大的民间环境保护组织。是从事生态环境保护的国际民间组织,成立于1951年,总部设在美国华盛顿。协会的使命是:通过保护代表地球生物多样性的动物、植物和自然群落赖以生存的陆地和水域,来实现对这些动物、植物和自然群落的保护。

由于坚持采取合作而非对抗性的策略,以及用科学的原理和方法来指导保护行动,经过50余年的不懈努力,协会已跻身美国十大慈善机构行列,位居全球生态环境保护非营利民间组织前茅。目前仅美国本土而言,协会拥有1600多个自然保护区,总面积达1400万英亩,遍布50个州。并与合作伙伴一起在拉丁美洲、加勒比海,以及亚太等30个国家管护着超过1.02×10^8英亩的生物多样性热点地区。协会在全球设有400个办公室,员工人数达3800名,拥有会员上百万,约20000名志愿者参与服务。

8. 世界自然基金会(WWF)

世界自然基金会徽标

WWF是在全球享有盛誉的、最大的独立性非政府环境保护机构之一,在全世界拥有将近500万支持者和一个在90多个国家活跃着的网络。WWF的使命是遏止地球自然环境的恶化,创造人类与自然和谐相处的美好未来,保护世界生物多样性,确保可再生自然资源的可持续利用,推动降低污染和减少浪费性消费的行动。该组织的标志为大熊猫。

9. 全球环境基金(GEF)

GEF是关于生物多样性、气候变化、持久性有机污染物和土地荒漠化的国际公约的资金机制。GEF通过其业务规划,支持发展中国家和经济转型国家在生物多样性、气候变化、国家水域、臭氧层损耗、土地退化和持久性有机污染物的重点领域上开展活动,取得全球效益。自1991年启动以来,GEF已通过1000多个项目,向140多个发展中国家和经济转型国家提供了大约40亿美元赠款,并从各种渠道吸引了120亿美元的项目融资。2002年8月,32个捐资国保证,在随后4年内,向GEF提供近30亿美元,用于GEF活动。

10. 地球之友(Friends of Earth)

在香港地区创立的地球之友(Friends of the Earth International)是著名的环境非政府组织之一,还是反全球化运动的一支重要力量。与其他环境组织一样,地球之友近年来也改变了就环境问题谈环境的做法,转而将环境问题与社会问题及发展问题联系起来,既扩大了活动领域,也扩大了影响。自1983年成立以来,"地球之友"曾经走过一段艰辛的路。在

第五部分 警惕,挽救,回归

香港的超级物质主义的大潮流下,"地球之友"仍然坚守使命,捍卫公众利益,维护环境公义,不屈不挠地推动环保,反对扩充发电厂、滥用杀虫剂、侵占郊野土地、关注过度消费、城市空气污染、水质污染、填海和环境管理失误等问题。

4. 地球危机:觉悟与行动

地球危机前文已经阐述了很多,因为篇幅的原因,我们在此只取环境保护的方面加以分析。

环境保护工作内容非常广,概括起来大约包括十来个方面:工业"三废"(废水、废气、废渣)的防治;生活"三废"的防治;粮食、副食品等食物污染的防治;农药残毒的防治;地温、地热、地面下沉的防治;水土保护、土壤污染的防治;噪声、放射性污染的防治;综合利用自然资源;保护农业生态;建立大自然保护区;植树造林、绿化环境、净化空气;加强水域管理,保护水源;搞好城乡环境规划;用经济学、管理学和法学等社会科学的基本原理管理环境。

在此,我们着重从一些有关环保的活动、国家政策、科学技术、科技探索等领域,解读世界上的人们对于地球环境的努力。

1.环保行动

1970年4月22日,30万美国人参加世界第一个如此大型的环境保护游行——地球日,抗议环境受到污染。现在,每年的地球日,有141个国家约2亿人参与。

第29届奥林匹克运动会于2008年8月8日至24日在中国首都北京举行。此次奥运设置了三大理念:绿色奥运、科技奥运、人文奥运。

"绿色奥运"是2008年北京奥运会的三大主题之一,其内涵是:

用保护环境、保护资源、保护生态平衡的可持续发展思想,指导运动会的工程建设、市场开发、采购、物流、住宿、餐饮及大型活动等,尽可能减少对环境和生态系统的负面影响。

积极支持政府加强环境保护,市政基础设施建设,改善城市的生态环境,促进经济、社会和环境的持续协调发展。

充分利用奥林匹克运动的广泛影响,开展环境保护宣传教育,促进公众参与环境保护工作,提高全民的环境意识。

在奥运会结束后,为北京、中国和世界体育留下一份丰厚的环境保护遗产:奥运会绿色建筑示范工程;举办大型运动会新的环境管理模式;公众积极参与环保工作的机制;北京环境的持续改善。

长期以来,人类梦寐以求地憧憬着冲出地球,向宇宙进军。随着地球环境的恶化,这种愿望里似乎又加进了欲逃离的色彩,人们上下求索,加快了寻找"诺亚方舟"的步伐。

但是"生物圈2号"(下文有介绍)的失败告诫我们:人类当前在茫茫宇宙中只有地球这一处家园,逃离和束手待毙都是与事无补的。地球不是实验室,我们输不起,只有善待和保护它才是我们真正的出路。

国际货币基金组织和世界银行春季会议举行之际,2004年约5千人在美国华盛顿举行示威游行,反对不公平的经济全球化使国家之间差距拉大。一些环境保护者也加入示威行列,表达对全球环境恶化的担忧。

2009年12月12日,示威者在美国首都华盛顿竖起"诺亚方舟"模型,呼吁哥本哈根联合国气候变化大会与会方尽快就应对气候变化达成协议。示威者黄昏时分聚集在华盛顿国家广场举行烛光集会。他们竖起一个木制"诺亚方舟"模型,上面刻有"气候B计划"字样。

最近,生态环保组织绿色和平募集了700位模特儿,在法国中部富斯裸体入镜,提醒世人全球暖化影响广大。

华盛顿一名教会神职人员德里克·哈金斯说,"诺亚方舟象征着最后的希望",这是一场危机,而人类有能力渡过危机。示威者敦促美国总统贝拉克·奥巴马带头促成哥本哈根气候变化大会达成"雄心勃勃且有约束力"的协议。

2.政策一角

美国:延长夏时制

美国参众两院联合委员会近日有投票通过,在新的能源法案中将每年夏令时的时间延长两个月,以便节约能源。今后,美国将从3月的第一个星期日开始将时钟往前拨1小时,从11月的最后1个星期日起将时钟恢复到正常时间,以充分利用日光,节约能源,据称这一举措可在实施期间每天节约10万桶石油。

英国:制定节能法规

英国政府鼓励节约能源,制定了21世纪的能源战略和相关的法律,其用意在于提高能效,节约资源,进行政策引导。英国政府还决定,从2001年起,每年拿出5000万英镑的"能源效率基金",鼓励企业节约能源,努力构建节约型社会。

法国:出台节能规范标准

法国政府采取措施大力利用自然资源,达到节省电能和保护环境的目的。2000年1月,法国开始实施"预防气候变化全国行动计划",同年12月,法国又出台了"全国改善能源消耗效率行动"方案,根据这两项计划,2001年法国政府又通过了节能规范标准,即根据不同地理位置的光照、温度和湿度等自然条件,评估不同建筑材料的能源利用效能。

德国:节能注重点滴

德国能源匮乏,石油几乎100%依赖进口,天然气80%依赖进口。节约能源是德国政府能源开发利用的一贯政策,长期以来,联邦政府通过信息咨询、政策法规和资金扶持等多种手段,调动个人和企业节能的积极性。使用节能家电、告别待机状态、买低能耗房子都是政府力推的节能手段。

新加坡:推广新生水技术

新加坡在加大节制用水的同时,不断增加投入,利用新技术开辟新水源,特别是在处理废水的回收利用方面取得了长足的进展。例如,新加坡政府把航天太空人用水技术,运用于加快新生水的建设上,把废水过滤杂质,利用反向渗透消除有机质。新加坡政府还加快了水再循环为食用水技术的开发利用,并制定了实施的具体计划。为了宣传和推广新生水技术,新加坡政府还修建了一座新生水技术展览馆,通过短片、电脑图解,宣传和普及新生水技术。

韩国:实施绿色计划

韩国先后在全国推行了"绿色能源家庭"、"绿色照明"、"绿色发动机"、"绿色创意"和"绿色空调"的节能技术活动。去年,韩国政府又制定了节能中、短期对策,决定向低能耗产业转型,推广多项节能技术,充分利用能源项目和汽车混合燃料,实施以节能为目的的绿色计划。韩国的新闻媒体也大力宣传节能技术和节能产品,在全社会营造节能的良好氛围。

中国:减排承诺

中国2009年提出到2020年将单位GDP(国内生产总值)的二氧化碳排放在2005年的基础上降低40%至45%,并且纳入具体政策规划之中。

3.科技

近几年来,环境保护已越来越引起全社会的重视,环保工作力度得以进一步加大。但是,也有一些不同的声音,有的说"没有温饱,那有环保",有的甚至把环保与发展对立起来,认为环保不利于引资,不利于发展,这显然是对环境保护工作存在认识上的误区。加快发展是大家的共同愿望,而且人类必须发展,所以,人类只有一个选择,那就是依靠科技,走科学发展的道路。下面我们以发展新能源为例,来阐述科学对于环境保护的作用。

新能源又称非常规能源。是指传统能源之外的各种能源形式。指刚开始开发利用或正在积极研究、有待推广的能源,如太阳能、地热能、风能、海洋能、生物质能和核聚变能等。

第五部分 警惕,挽救,回归

相对于传统能源,新能源普遍具有污染少、储量大的特点,对于解决当今世界严重的环境污染问题和资源枯竭问题具有重要意义。同时,由于很多新能源分布均匀,对于解决由能源引发的战争也有着重要意义。

太阳能:一般指太阳光的辐射能量。太阳能的主要利用形式有太阳能的光热转换、光电转换以及光化学转换三种主要方式。

利用太阳能的方法主要有:太阳能电池,通过光电转换把太阳光中包含的能量转化为电能;太阳能热水器,利用太阳光的热量加热水,并利用热水发电等。太阳能清洁环保,无任何污染,利用价值高,太阳能更没有能源短缺这一说法,其种种优点决定了其在能源更替中的不可取代的地位。

核能:核能是通过转化其质量从原子核释放的能量。核能的释放主要有三种形式:核裂变能、核聚变能、核衰变。核能的利用存在的主要问题:

(1)资源利用率低;

(2)反应后产生的核废料成为危害生物圈的潜在因素,其最终处理技术尚未完全解决;

(3)反应堆的安全问题尚需不断监控及改进;

(4)核不扩散要求的约束,即核电站反应堆中生成的钚-239受控制;

(5)核电建设投资费用仍然比常规能源发电高,投资风险较大。

海洋能:海洋能指蕴藏于海水中的各种可再生能源,包括潮汐能、波浪能、海流能、海水温差能、海水盐度差能等。这些能源都具有可再生性和不污染环境等优点,是一项亟待开发利用的具有战略意义的新能源。

波浪发电

据科学家推算,地球上波浪蕴藏的电能高达90万亿度。目前,海上导航浮标和灯塔已经用上了波浪发电机发出的电来照明。大型波浪发电机组也已问世。中国在也对波浪发电进行研究和试验,并制成了供航标灯使用的发电装置。将来的世界,每一个海洋里都会有属于我们中国的波能发电厂。波能将会为世界的电业作出很大贡献。

潮汐发电

据世界动力会议估计，到2020年，全世界潮汐发电量将达到1000-3000亿千瓦。世界上最大的潮汐发电站是法国北部英吉利海峡上的朗斯河口电站，发电能力24万千瓦，已经工作了30多年。中国在浙江省建造了江厦潮汐电站，总容量达到3000千瓦。

风能：风能是太阳辐射下流动所形成的。风能与其他能源相比，具有明显的优势，它蕴藏量大，是水能的10倍，分布广泛，永不枯竭，对交通不便、远离主干电网的岛屿及边远地区尤为重要。目前风能最常见的利用形式为风力发电。风力发电目前有两种思路，水平轴风机和垂直轴风机。水平轴风机目前应用广泛，为风力发电的主流机型。

风力发电是当代人利用风能最常见的形式，自19世纪末，丹麦研制成风力发电机以来，人们认识到石油等能源会枯竭，才重视风能的发展，利用风来做其它的事情。

1977年，联邦德国在著名的风谷——石勒苏益格·荷尔斯泰因州的布隆坡特尔建造了一个世界上最大的发电风车。该风车高150米，每个浆叶长40米，重18吨，用玻璃钢制成。

截止2009年底，全球累计装机容量已经达到了1.59亿千瓦，2009年全年新增装机容量超过3千万千瓦，涨幅31.9%。从累计装机容量看，美国已累计装机3516万千瓦，稳居榜首；中国为2610万千瓦，位列全球第二。

生物质能：生物质能来源于生物质，也是太阳能以化学能形式贮存于生物中的一种能量形式，它直接或间接地来源于植物的光合作用。生物质能是贮存的太阳能，更是一种唯一可再生的碳源，可转化成常规的固态、液态或气态的燃料。地球上的生物质能资源较为丰富，而且是一种无害的能源。地球每年经光合作用产生的物质有1730亿吨，其中蕴含的能量相当于全世界能源消耗总量的10-20倍，但目前的利用率不到3%。

生物质能（又名生物能源）是利用有机物质（例如植物等）作为燃料，通过气体收集、气化（化固体为气体）、燃烧和消化作用（只限湿润废物）等技术产生能源。只要适当地执行,生物质能也是一种宝贵的可再生能源,但要看生物质能燃料是如何产生出来。目前全球范围正在炒作用玉米、小麦、食糖等粮食来制造汽油等能源来满足日益增长的需求,以及过高成本带来的过高价格。

近年来,随着国家新能源发展战略的实施和应对气候变化措施的强化,中国在生物质能利用领域取得了重大进展。中国已连续在四个国家五年计划中将生物质能利用技术的研究与应用列为重点科技攻关项目,开展了生物质能利用技术的研究与开发,如户用沼气池、节柴炕灶、薪炭林、大中型沼气工程、生物质压块成型、气化与气化发电、生物质液体燃料等,取得了多项优秀成果。并于2009年底进行修订《中华人民共和国可再生能源法》。这表明中国政府已在法律上明确了可再生能源包括生物质能在现代能源中的地位,并在政策上给予了巨大优惠支持,因此,中国生物质能发展前景和投资前景极为广阔。

氢能

安全环保:氢气分子量为2,仅为空气平均质量1/14,因此,氢气泄漏于空气中会自动逃离地面,不会形成聚集。而其他燃油燃气均会聚集地面而构成易燃易爆危险。氢气无味无毒,不会造成人体中毒,燃烧产物仅为水,不污染环境。

高温高能:1千克氢气的热值为34000千卡,是汽油的三倍。

热能集中:氢氧焰火焰挺直,热损失小,利用效率高。

自动再生:氢能来源于水,燃烧后又还原成水。

来源广泛:氢气可由水电解制取,水取之不尽,而且每kg水可制备1860升氢氧燃气。

即产即用:利用先进的自动控制技术,由氢氧机按照用户设定的按需供气,不贮存气体。

应用范围广:适合于一切需要燃气的地方。

氢能的缺点:(1)制取成本高,需要大量的电力;(2)生产、存储难:氢气密度小,很难液化,高压存储不安全。

海洋渗透能：如果有两种盐溶液，一种溶液中盐的浓度高，一种溶液的浓度低，那么把两种溶液放在一起并用一种渗透膜隔离后，会产生渗透压，水会从浓度低的溶液流向浓度高的溶液。江河里流动的是淡水，而海洋中存在的是咸水，两者也存在一定的浓度差。在江河的入海口，淡水的水压比海水的水压高，如果在入海口放置一个涡轮发电机，淡水和海水之间的渗透压就可以推动涡轮机来发电。

海洋渗透能是一种十分环保的绿色能源，它既不产生垃圾，也没有二氧化碳的排放，更不依赖天气的状况，可以说是取之不尽，用之不竭。而在盐分浓度更大的水域里，渗透发电厂的发电效能会更好，比如地中海、死海、中国盐城市的大盐湖、美国的大盐湖。当然发电厂附近必须有淡水的供给。据挪威能源集团的负责人巴德·米克尔森估计，利用海洋渗透能发电，全球范围内年度发电量可以达到16000亿度。

可燃冰中国国土资源部总工程师张洪涛先生2009年09月25日在北京介绍，中国地质部门在青藏高原发现了一种名为可燃冰(又称天然气水合物)的环保新能源，预计十年左右能投入使用。在当天的新闻发布会上，张洪涛说，这是中国首次在陆域上发现可燃冰，使中国成为加拿大、美国之后，在陆域上通过国家计划钻探发现可燃冰的第三个国家。他介绍，初略的估算，远景资源量至少有350亿吨油当量。

可燃冰是水和天然气在高压、低温条件下混合而成的一种固态物质，具有使用方便、燃烧值高、清洁无污染等特点，是公认的地球上尚未开发的最大新型能源。

第四代核能源：当今，世界科学家已研制出利用正反物质的核聚变，来制造出无任何污染的新型核能源。正反物质的原子在相遇的瞬间，灰飞烟灭，此时，会产生高当量的冲击波以及光辐射能。这种强大的光辐射能可转化为热能，如果能够控制正反物质的核反应强度，来作为人类的新型能源，那将是人类能源史上的一场伟大的能源革命。

第五部分 警惕,挽救,回归

4.探索

在浩瀚的宇宙之中,地球可以说是沧海一粟。人类在继地球大陆、海洋和大气层以后进入的第四个活动领域便是这个让我们为之着迷的浩瀚宇宙。在人类的历史上,人类为探索宇宙努力了数千年,从天文星象到敦煌飞天的壁画;从竹蜻蜓、风筝的制作到火药、火箭和火炮的发明;从哥白尼的"日心说"体系到伽里略制作的第一架天文望远镜;从牛顿"绝对论"的宇宙观到爱因斯坦"相对论"的宇宙观;从邦迪、戈尔德等人的稳恒态宇宙论到伽莫夫的大爆炸理宇宙论;从"阿波罗登月计划"到"嫦娥二号"等,人类正一步步走进宇宙奥秘的探索与实践中。

人类探索宇宙可谓有极其深远的意义。由于世界人口的不断增加,地球资源面临枯竭,以及人类对生物圈的影响,如温室效应,破坏大气臭氧层,酸雨和排放有毒物质造成环境污染等,最终造成生物圈的大破坏而不适合人类生存,并且地球也是有一定的寿命的,地球不可能是人类永远的家园,所以当前世界各国的一些科学家们把他们的视角转向了茫茫宇宙。宇宙的资源是极为丰富的,宇宙资源主要包括高度资源、高真空度资源、高洁净度资源、微重力资源、太阳能资源、超低温资源、月球及其它星球资源等等,可以为人类各个领域提供广阔发展的空间和条件。人类现在必须把目光投向宇宙了,不断探索宇宙,研究宇宙资源的开发,以解人类未来所面临的种种生存问题。

1991年美国科学家进行了一个耗资巨大、规模空前的"生物圈2号"实验。

生物圈:地球上凡是出现并感受到生命活动影响的地区。是地表有机体包括微生物及其自下而上环境的总称,是行星地球特有的圈层。它也是人类诞生和生存的空间。生物圈是地球上最大的生态系统。生物圈是一个不断进行物质循环和能量流动,并具有一定调节功能的动态平衡的系统。

"生物圈2号"建造在美国亚利桑那州的沙漠中,其命名是把地球视为"生物圈1号"而言的。"生物圈2号"是一个人工建造的模拟地球生态环境的全封闭的实验场,也有人把它称为"微型地球",或"火星殖民地原型"。这个占地1.3万平方米,8层楼高的的圆顶形密封钢架结构玻璃建筑物,是人们花费了近2亿美元和9年时间建造起来的,实验的目的是为了考察人类离开了地球"生物圈1号"是否能生存。在这个微型世界中,有海洋、平原、沼泽、雨林沙漠旅业区和人类居住区,是个自成体系的小生态系统。"生物圈2号"虽然与外界隔绝,但可以通过电力传输、电信与计算机与外部取得联系。工作人员在"生物圈2号"内可以看电视,可以通过无线电通讯与亲友联系。

1991年,8个人被送进"生物圈2号",本来预期他们与世隔绝两年,可以靠吃自己生产的粮食,呼吸植物释放的氧气,饮用生态系统自然净化的水生存。但18个月之后,"生物圈2号"系统严重失去平衡,氧气浓度从21%降至14%,不足以维持研究者的生命,输入氧气加以补救也无济于事。原有的25种小动物,19种灭绝,为植物传播花粉的昆虫全部死亡,植物也无法繁殖。事后的研究发现,细菌在分解土壤中大量有机质的过程中,耗费了大量的氧气,而细菌所释放出的二氧化碳经过化学作用,被"生物圈2号"的混凝土墙所吸收,又打破了循环。

此次失败的实验项目在社会上引起了广泛的争论,从事此项实验的科研机构的威信大受影响。1994年3月,7名科学家再次进入"生物圈2号"进行第二次实验,这种努力在1年半之后再次以失败告终。"生物圈2号"还有用吗?公众再一次表示了疑虑。

1996年1月1日,哥伦比亚大学接管了"生物圈2号"。9月,由数名科学家组成的委员会对实验进行了总结,他们认为,在现有技术条件下,人类还无法模拟出一个类似地球一样的、可供人类生存的生态环境(同时,哥伦比亚大学加强了对实验的研究力度)。

人类在上一个千年取得了前所未有的长足发展(主要表现在科学技术与经济的进步上),同时也经历了从未有过的灾难(譬如两次世界大

第五部分 警惕,挽救,回归

战)。但如果与下一个千年相比,显然两者都微不足道。往后进步与毁坏的速度与力度都将迅猛的多。

虽然霍金的预言我们可以怀疑,但霍金的担心却是今天的世界共同面临的问题。现在世界各国为了争夺资源,不惜动用战争,有的国家甚至已经达到了不顾一切、丧心病狂的地步。石油、煤炭一天天减少,到本世纪末就面临枯竭。环境在一天天的恶劣,臭氧"黑洞"在一天天的扩大,冰川在一天天的融化等,所有这些无不是"自私贪婪"造成的,更无不在威胁着人类的生存。从这一点上来说,霍金的预言就是给全世界敲了警钟,如果我们总是一味的争夺资源,糟蹋环境,不注意保护地球,那么,最后只有和地球同归于尽,而这个期限可能比霍金的预言还要短暂。而这可能也是霍金预言的真正目的,是其伟大意义之所在。

结 束 语

鉴于太空是人类的一个全新领域和崭新赛场，我国一直在孜孜不倦地努力。如果说，深空探测，将是"世纪初叶"的事，那深空航行，乃至登上月球，也将不是太遥远，而是"接踵而来"的事了。

开发宇宙是一个长期的工程，在霍金预言未来人类灭亡的两个世纪内，我们无法预测人类是否可以逃离地球，无法想像这种大规模移民的可行性到底有多少，但人类对自己的行为方式与努力目标不能不重新作出评价，至少不能再像上世纪那样只考虑眼前的利益和繁荣，凡事都需要虑及更加长远的影响。譬如在20世纪，经济发展无疑是决定一个国家实力与进步与否的硬道理，到了21世纪，环保便成了不能不认真面对的更重要与现实的问题。

人类社会显然需要建立更加健全的运作规则与行动，否则，霍金的预言与警告不是不可能出现的事实。

珍惜、关爱我们现在共同的家园——地球，是我们现在应该做到，而且是可以做到的事情。